学习型组织研修丛书

U0686448

科技发展简史

KE JI FA ZHAN JIAN SHI

苏庆谊　　主编

中国出版集团
研究出版社

图书在版编目（CIP）数据

科技发展简史 / 苏庆谊主编.
—北京：研究出版社, 2010.12
ISBN 978-7-80168-609-1

Ⅰ.①科… Ⅱ.①苏… Ⅲ.①自然科学史—世界
Ⅳ.①N091

中国版本图书馆CIP数据核字(2010)第227079号

出版发行	研究出版社
	北京1746信箱（100017）
	电话：010-63097521（总编室）　　010-58815837（发行部）
	010-64045699（编辑部）　　010-64045067（发行部）
	网址：www.yjcbs.com　　E-mail:yjcbsfxb@126.com
经　　销	新华书店
印　　刷	三河市金兆印刷装订有限公司
版　　次	2025年1月第2次印刷
规　　格	787毫米×1024毫米　1/16
印　　张	13
字　　数	220千字
书　　号	ISBN 978-7-80168-609-1
定　　价	48.00元

前　言

纵观当今世界，高科技日新月异，新知识方兴未艾，知识总量呈几何级数增长，瞬息万变。近50年来，人类社会所创造的知识比过去3000年的总和还要多。作为领导干部，如何应对目前多变的信息世界及信息爆炸带来的公共危机、信任危机和自身面对的庞大压力，是亟待解决的重要课题。

我们国家历来讲究读书修身、从政立德。传统文化中，读书、修身、立德不仅是立身之本，更是从政之基。古人讲，治天下者先治己，治己者先治心。治心养性，一个直接、有效的方法就是读书。同理得证：读书学习亦是领导干部加强党性修养、坚定理想信念、提升精神境界的一个重要途径。

孔子曰："工欲善其事，必先利其器。"领导干部在党内和社会上处于重要位置，具有强大的行为导向和风气引领作用。领导干部既要做读书的自觉实践者，又要做学习型政党、学习型社会建设的积极倡导者，身体力行、率先垂范，并知行合一、付诸实践。当下，我们的各级领导干部承担着执政兴国、执政为民的重要职责，肩负着为官一任、造福一方的重要使命。因此，读书学习是领导干部胜任领导工作的必然要求。领导干部如果不加强读书学习，知识就会老化，思想就会僵化，能力就会退化，就难以担当领导职责，就会贻误党和国家的事业。

新的历史时期，领导干部若想不断提高自己、完善自己，经受住各种考验，就得坚持在读书学习中坚定理想信念、提高政治素养、锤炼道德操守、提升思想境界，坚持在读书学习中把握人生道理、领悟人生真谛、体会人生价值、实践人生追求。所以，读书是新形势下做一名称职的领导干部的内在要求和必经之路！

然而，建构合理的知识结构绝非读书数量的简单叠加，就像运动健将的体魄不是蛋白质与脂肪的综合一样，他需要科学的、合理的"营养搭配"，要遵循知识的整体性、层次性、比例性及动态性的原则。基于这些原则，研究出版社出版了一套《学习型组织系列教程》系列，从知识的种类、内容的广度及深度做了科学的遴选。入选的内容都是与领导工作相关度较高的基础知识，是领导干部的知识结构中不可或缺的构件。因此，《学习型组织系列教程》应是一套"温故"并"知新"又系统规范的现代实用知识丛书。

这套《学习型组织系列教程》，包括《从政要论》《科技发展简史》《世界国体政体要览》《世界经济与国际贸易》《影响人类文明的主要学说导论》《中国法律知识释要》《电子政务管理》《现代金融理论与实务》《现代经济学理论》《中国历史文化通览》《逻辑思维训练》《领导干部压力缓解与心理健康调适》。内容涉及当下的理论热点、公共危机、地方经济、领导艺术等方方面面。从帮助领导干部提高理论水平，认清当前形势，综合提升施政的实践能力来说，此套丛书可视为重要的参考读物。

目录

CONTENTS

第一章 人类科学技术的发端……………………（1）

第一节 人类最早的技术标志…………………（1）

第二节 人类最早的社会大分工………………（5）

第二章 古代河流文明的科技成就……………（7）

第一节 天文历法……………………………（7）

第二节 楔形文字的发明……………………（8）

第三节 古巴比伦建筑技术…………………（8）

第四节 冶金技术……………………………（9）

第五节 古埃及的外科技术…………………（9）

第六节 金字塔与古埃及建筑………………（10）

第七节 古代中国的科学技术………………（11）

第三章 古希腊、古罗马的科学技术…………（57）

第一节 古希腊的科学技术…………………（58）

第二节 古罗马的科学技术…………………（65）

第四章 近代科学的诞生与第一次技术革命…（70）

第一节 近代科学技术兴起的历史背景………（70）

第二节 近代科学划时代转折点……………（75）

第三节 经典力学体系的确立………………（80）

第四节 第一次技术革命……………………（85）

第五章 近代科学的发展与第二次技术革命…………（90）

第一节 19世纪的天文学和地质学…………（90）

第二节 第二次技术革命…………（96）

第六章 现代新兴科学的兴起…………（102）

第一节 综合科学方兴未艾…………（102）

第二节 交叉科学突飞猛进…………（111）

第七章 现代高技术与第三次技术革命…………（116）

第一节 信息技术…………（116）

第二节 材料技术…………（123）

第三节 能源技术…………（124）

第四节 空间技术…………（131）

第五节 生物技术…………（138）

第八章 中国科学技术的现代发展…………（142）

第一节 基础科学的进展…………（142）

第二节 高新技术的成就…………（152）

第三节 软科学的形成与发展…………（160）

第四节 中国的科技进步与和平发展…………（166）

第九章 现代科学技术与人类社会…………（173）

第一节 现代科学技术与生产力…………（173）

第二节 现代科学技术与世界政治经济格局的演变…（179）

第三节 现代科学技术与全球化…………（187）

第四节 现代科学技术与全球问题…………（194）

第一章

人类科学技术的发端

技术是人类有意识地认识和改造自然的活动。科学技术发展的历史，就是人类认识和改造自然的历史，它随着人类的产生而产生，随着人类的发展而发展。人类生存在地球上已有300多万年的历史，自从人类从自然界中分化出来，就开始进行生产劳动，同时在生产劳动中逐渐认识自然和改造自然。人类认识自然和改造自然正是通过科学技术这个中介来完成的，可以说，自从有了人类就有了科学技术的萌芽，科学技术的历史也由此发端。

第一节　人类最早的技术标志

一、第一个标志：打制石器

科学技术的历史和整个人类的历史同样古老。然而科学成为一种系统化的知识，技术成为科学知识的自觉运用，那是很久以后的事了。严格地说，在远古之初，只有技术经验而没有技术理论。因此，要追寻科学技术的起源，还必须探求技术的发端。

人类以自己的活动来引起、调节和控制人与自然之间物质变换的劳动过程，是从制造工具开始的。人类祖先最初制造的劳动工具，就是石器。最初的石器主要是打制石器，也就是把石块打碎，挑选形状合适的碎块当作砍砸器、刮削器和手斧等。打制石器标志着人类掌握了第一种最基本的材料加工技术，因而它也就成为古代技术发端的第一个标志。由此，揭开了人类改造自然的第一个时代——石器时代的序幕。

历史上，通常把石器时代划分为旧石器时代和新石器时代。在旧石器时代早期，人在体质结构上还近似于猿，故称为猿人。这一时期猿人制造的典型石器是用"以石击石"的办法敲打而成的石斧和石刀，它们被用来袭击野兽、挖掘植物，被当作万能的工具来使用。现已发现的最早的石器出土于非洲的肯尼亚，距今已有 260 万年。在我国云南元谋出土的石器也有 170 万年的历史。到旧石器时代晚期，即距今 4～5 万年以前，人体形态已进化到与现代人相似的程度，称为新人或智人，他们制造的石器更加精细，并学会给石斧和石刀装上木柄或骨柄，这一方面标志着人类已学会利用杠杆等最简单的力学原理，另一方面也说明了石器本身已开始走向复合化了。后来人类又发明了弓箭，它在当时已是很复杂的工具，因为发明这些工具需要有长期经验的积累和比较发达的智力。在我国山西朔县旧石器时代遗址中发现的石镞，说明在 28000 年前人们已经使用了弓箭。大约距今 10000 年前，人类进入了新石器时代。人们学会了在石器上钻孔，创造了石器磨制工艺，还为制造石器而专门开采和选择石料，石器的功效更高，类型更多，用途也更专一。新石器时代最有代表性的工具是石斧、石铲、石镰和石刀等，它们不仅被用于狩猎、捕鱼，而且被用于原始的手工业和农业。在整个石器时代，正是靠石器工具的不断改进，才使人类得以更加有效地采集植物、猎取动物，直到进行手工制造和农业耕种，从而促进了原始社会生产力不断地向前发展。

二、第二个标志：火的使用

猿人在技术上取得的一项决定性的进步是学会了用火。原始人在长期的劳动中逐渐认识到火的用途，并发明了取火的方法。早在旧石器时代，人类已开始用火。我国距今 170 万年前的云南元谋人和距今 80 万年前的陕西蓝田人，都留下了用火的遗迹。距今 40～50 万年前的北京猿人，在他们居住过的洞穴里留下厚达 6 米的灰烬，说明他们已掌握保存火种和控制燃烧的能力。但是，人类最初利用的还是天然火，为了用火，他们不得不把从森林或草原野火取得的火种，视为神圣的东西悉心加以保存。后来，人类才终于掌握了人工取火——"钻木取火"或"击石取火"的方法。在我国古籍中多有记载，如《庄子·外物篇》中有"木与木相摩则燃"和"燧人氏钻木取火，造火者燧人也，因以为名"。

火的使用在人类进化史上具有特别重要的意义。有了火，人类才能从"茹毛饮血"进步到熟食，食物的种类和范围扩大。营养丰富了，进而促进了人体特别是大脑的发育。有了火，人类可以用火防止野兽的侵袭，又能用火围攻猎取野兽。有了火，人类还能用火取暖、照明，从而扩大了人类活动的时空范围。有了火，人类渐渐学会用火烧制陶器、冶炼金属并在火的利用过程中积累了越来越多的化学知识……可以说，火的使用和人工取火的发明具有划时代的意义，没有火就不可能有文明世界的出现。所以，恩格斯对此给予了高度评价，他说："尽管蒸汽机在社会领域中实现了巨人的解放性变革……但是，毫无疑问，就世界性的解放作用而言，摩擦生火还是超过了蒸汽机，因为摩擦生火第一次使人支配了一种自然力，从而最终把人同动物分开。"

三、第三个标志：发明文字

原始人创造文字主要是因为生活中需要记忆的事情越来越多，如节日和祭祀日、不同集团间的协议和誓约等。不仅个人的记忆力是不够精确的，而且对同一件事情可能会有不同的记忆，这样就需要寻找一种客观的方式来记载。在一种为社会公众所公认的记录还未产生的时候，任何客观的记录符号都有很大的主观性。古人中存在结绳记事的习惯，但每个绳结代表的具体事件只有记录者自己才清楚。中国古代氏族或部落间立誓约时有刻木为契的习惯，这是为了避免相互承诺的数目引起争端而刻的信物。当然，这些刻痕的含义也只有当事人才清楚。显然，图画所具有的直观而确定的优点恰好是记号所缺乏的。这样，在记录事件、事物和思考方面，二者结合再好不过了。

通过对图画的简化和对记号的改造，人类逐渐创造出了文字。文字不仅可以用来记录事件、契约，还能用来表达人的思想感情。随着某一地区人们交往范围的扩大，规定的记号和象形文字的含义就被越来越多的人们所接受，随后在这些人中也就越来越多地创造出一些新的大家所公认的记号和符号来。这样，一种特定的氏族文字就产生和发展起来了。从古代文字到现代文字经历了复杂的演变。今日汉字的祖先可以追溯到殷商的甲骨文，一直到半坡村彩陶上的符号。而西方文字的始祖则可一直追溯到古代西亚腓尼基人的文字，乃至古埃及人的象形文字和巴比伦的楔形文字。

由于文字的产生，一种可以跨越时间、空间传递信息的工具出现了。有了文字，人类有了记载的历史，人类对历史的认识更加确切和完整；有了文字，以描述人类感情和命运的文学不再仅是口头形式的，因而流传和影响也更为广远；有了文字，人类的生产经验和自然知识才容易传播、继承和积累，并开始了有文字记载的文明历史。

四、古代技术标志的意义

除了上述三个标志性技术之外，人类在古代还创造了原始的植物栽培技术、动物驯养技术、制陶技术、冶金技术、纺织技术、建筑技术和运输技术等。在旧石器时代，人们经过长期的采集活动掌握了一些植物的生长规律，开始了人工栽培的尝试。石器的发展和火的利用，也为人们进行"刀耕火种"的原始耕作提供了可能。经过长期的狩猎实践，特别是在弓箭发明以后，原始人的狩猎效率得以提高。狩猎量的增加使人食用有余，人们便对一些被捕获的野兽进行人工驯养和繁殖。从采集、渔猎到种植、畜牧，开启了人类原始的农业和畜牧业，标志着技术的进步改变了人与自然界的关系。在长期用火的基础上，人类发展到利用陶土烧制陶器。在用兽皮缝制衣物和用枝条编制器物的基础上，发展到利用植物纤维纺织。在用木枝、兽皮搭造原始居室的基础上，发展到利用石块或泥砖构筑房屋。在使用滚木、木排和独木舟的基础上，人类又学会制造有轮车辆和木船。在烧制陶器的长期实践中，人们学会了冶炼金属，最早使用的金属是天然铜，在大约公元前3000年，人类发明了青铜。青铜是铜锡合金，熔点为800℃左右，比纯铜低，硬度比纯铜高，易于锻制，被用来制造武器、工具、生活用具和装饰品。由于铜矿匮乏，产量有限，这时的青铜器还不能取代石器作为生产工具被普遍使用。在这许多技术成就中，我们把打制石器、人工取火和创造文字作为古代技术发端的主要标志，是因为这三个技术分别标志着古代人类经过百万年的进化和劳动，已经全面掌握了迄今为止现代技术最重要也是最基本领域的萌芽知识。

一切技术都是人类改造自然的重要帮手。几千年来技术发展的历史表明，人类改造自然，就其所要改造的对象而言，主要是自然界中三类最基本的东西：物质、能量和信息。迄今人类所掌握的主要技术，都与改造这三类东西有关，都是在材料技术、能源技术和信息技术的基础上发展起来的。物质、能源和信息已成为现代文明的三大要素。材料技术、能源技术、信息技术也成为现代技术的三个最基本的领域。古代人学会打制石器、人工取火和创造文字，表明人类在其改造自然的初期就已经建立这三大技术最原始的雏形。打制石器标志着人类已学会使用石头作为材料，把它加工成自己需要的器具；人工取火标志着人类掌握了取得热能的能量转化方式，并为后来的制陶技术、冶金技术打下了坚实的基础；文字的创造和使用则标志着人类除了有声语言之外，又创造出了一种新的、十分重要的信息存储和传递手段。这三大技术纵贯整个人类古代历史，经历了漫长的发展历程。在近代技术产生之后，材料技术、能源技术和信息技术的依次发展，也绵延至今长达数百年。而且，这些古代技术出现的次序，恰好就是近代历次技术革命的顺序。古代技术发端的历史，好像为近代技术的发展预示了一个原型。

第二节　人类最早的社会大分工

一、第一次社会大分工

原始农业和畜牧业分别是从采集和狩猎发展而来的，是新石器时代最重要的科学技术成果，它使人类从靠现成天然产物为主，转向利用天然产物，使之增产，养活更多的人口，从而对日后人类历史产生了深刻的影响。

从世界上大多数新石器时代遗址中出土的农具看，主要有：斧、刀、臼、磨、磨棒、锄、犁等。结合一些民族学资料，研究者认为原始农业一般经历了"刀耕火种"和"锄耕"两个阶段。刀耕火种是指用磨石斧砍倒树丛，再用火一烧而光，最后撒上种子，任其生长，待作物成熟后，用石刀、陶刀等收割，用石磨或石碾加工去皮。经过一段时间摸索，人们发现经过人力锄耕以后，再播下种子，可使作物生长得更好。便普遍使用这种方法，于是农业生产进入了锄耕农业阶段，或称耜耕农业阶段。

新石器时代的农业基本上是依靠自然雨水的灌溉，但也有少数灌溉系统的存在。在距今八千至一万年左右两河流域的萨玛腊文化遗址中，发现当时人们开凿使用的灌渠遗迹，在遗址周围，还发现了断断续续的沟痕。研究者认为，这是以小型的天然沟洫为基础的，在沟洫之间有意地再开凿几条沟，把它们联系起来，可将水引入田中，这是最早的人工灌溉系统。到新石器时代晚期，可能较普遍地出现了拦河人工灌溉系统和人工施肥技术。

早期人类在长期狩猎的过程中，为了补充食物，时常有意将一些幼小的野生动物带回住地饲养，逐渐发现一些动物是可以驯化成家畜的，从而出现了原始畜牧业。人们首先驯化的是狗和羊，其次是猪、牛、马，鸡等。世界各地驯化野生动物为家畜的时间和种类不尽相同，但大致都经历了驯育野生动物、繁殖家畜新种和人工选择三个阶段。家畜是在人类的干预下，按照人类选择的方向，不断塑改体形和习惯形成的。

狗的野生祖先是狼，由于它具有易驯养、灵敏、快速等特点，往往是人类狩猎中的好帮手，所以狗最早被驯化。羊是较温顺的动物，饲料简单，也成为人类最早饲养的动物之一。猪是在约九千年以前被人类驯化的家畜。

原始农业和畜牧业开始是平行发展，后来在一些靠近草原牧场的地方，人们发现畜牧业比农业更有利，便以畜牧业为主。又由定居生活转向不定的游牧生活，畜牧业逐渐从农业中分离出来，在社会上形成以农业和畜牧业为主的两大群体，这便是人类社会发展史上出现的第一次社会大分工。原始农业、畜牧业的出现，给人类提供了可靠的衣食之源，使人们过上了比较稳定的定居生活。在此基础上，随着农业和畜牧业技术的发展，人们生产出日益丰富的产品，提供出一定的剩余劳动产品，这就为人类进入文明社会创造了必要的物质条件。

二、第二次社会大分工

陶器的发明是新石器时代人类一项伟大的创举，是人类利用化学变化改变天然物质的开端。陶轮的发明更是人类科学技术史上的一件大事，它是人类早期使用的一种原始的加工机械，也是迄今一切旋转切削机具的始祖。

制作陶器需要一定的技术，特别是当陶轮出现以后，不是任何人都可以掌握这门技术的。于是渐渐出现掌握制陶技术的专门人员，而后形成了一门制陶手工业，手工业的出现常常被称为人类社会发展史上的第二次社会大分工。

人类在长期制造石器的过程中，多次接触到自然界存在的纯铜块，即天然的次生红铜，并逐渐认识到它可熔、可煅的性质，新石器时代人类普遍烧制陶器，则为冶金技术的发明提供了必要的条件。

最初人们利用的多为自然铜，后来人们还学会了以木炭为燃料从孔雀石等铜矿中炼取红铜，这是最早的冶金技术。在西亚地区发现了距今约5800～5600年前，迄今所知世界上最早的冶铜遗迹。冶金的发明无疑是具有划时代的意义，特别是当青铜器的冶炼和铸造普遍出现以后，人类便迈入了文明的门槛——青铜时代。

第二章

古代河流文明的科技成就

第一节　天文历法

估计早在公元前三千年，苏美尔人就已有了历法。美索不达米亚人根据月亮的盈亏制定了太阴历，即把1年分为12个月，每个月为29天～30天，大小月相间，全年共为354天，但它与一回归年整整相差了1天多，为了解决这一问题，他们最早采用了置闰的方法，即每隔几年加一个闰月。

两河流域的居民对世界科技史的另一重要贡献是他们根据月相变化，首先把一月分为4周，每周7天，与7个行星相当。另外他们还首创了测时和量角的单位，把圆周分为360度，度分为60分，分又分为60秒，一天分为24个小时，一小时确定为60分，一分确定为60秒，这些方法一直被今人所沿用。

古代两河流域人的天文学知识很大程度上是建立在对星象的观察上，早在公元前2000年左右，他们已能区分恒星和行星，认为共有7个。并给它们都取了相应的名称，其中包括太阳和月亮，确定了它们所走的轨道，还确定其他5个行星总是在太阳轨道（黄道）附近运行。从公元前13世纪的一个界碑上，可见到保留的黄道十二星座的图形。他们给每个星座取了名称，如天蝎座、狮子座、巨蟹座、双子座、天秤座等，这些名称仍被今人所沿用。

对于天文上的一些重要周期现象，两河流域人早已有所领悟，他们能准确地计算出行星周期的平均值，对某些天文现象作出准确的预测，如发现"沙罗周期"即日食每隔18年发生一次。他们在公元前4世纪时发明了一种以代数方法，将复杂的周期性天文现象分解成许多简单周期效应，后来希腊人把这种方法表现为几何形式，直到近代，它一直是作为科学家分析天体运动的主要方法。

第二节　楔形文字的发明

文字是人类进入文明时期的主要标志。文字的发明给人类的生活带来了新的曙光，有了文字，人类的科学技术才能记录下来，并在空间和时间上得到更好的传播。世界上最古老的几种主要文字有：苏美尔文、埃及文、印度梵文和中国汉文等，它们基本都是起源于图画，后发展为书写文字和拼音文字，但这些文字却各具特点。

考古学家曾在乌鲁克城发现公元前 3200 年苏美尔人的文字，这种文字最初是写在泥版上，笔划呈现楔形，因此常被称为"泥版文字"或"楔形文字"。

随着楔形文字的发展，它不再只是作为记录具体事物的工具，还发展成为供宗教、技术、历史文件之用的完整文体，这些文件先后被制成数百万件牌版，其中包含农产账、天文表、法典、文学、文典或编年史等多方面的内容，它们无疑成为研究古代西亚史的重要历史资料。

第三节　古巴比伦建筑技术

一个时代的建筑往往包含了这个时代政治、宗教、思想、美学、科学技术等诸多内容。两河流域布局合理的城市、巨大的神庙、华丽的宫殿，无一不反映出这几方面的内容，他们的建筑在规模和技术上，都有许多新的突破，且颇具特点，在世界建筑学史上，留下了璀璨的篇章。

新巴比伦时期是巴比伦城建筑达到其最为辉煌的时期。当时人们还重视对王宫附属建筑的营建，如被人们称为"世界七大奇迹"之一的"空中花园"，便属于这种性质的建筑。"空中花园"建于公元前 6 世纪，毁于公元前 3 世纪。"空中花园"在设计上十分巧妙，每层支柱的位置选择合理，互不遮挡，可使每层的植物均得到充足的阳光。另外，还有一根空心柱子从底部直通到顶上，内有卿筒，是用来从幼发拉底河抽水灌溉花园的，它实际上是较原始的水塔。有效地防止高层建筑渗水和使用原始水塔，应该说是两河流域人在建筑技术上的两项伟大创举。

第四节　冶金技术

进入文明时期，人类在技术上最大的成就是冶金的发明与发展，有了冶金技术，人类才可能广泛地使用青铜器和铁器。这些工具的使用加速了人类历史发展的进程。考古学家按人类制造工具的材料把人类历史划分为几个大的时期，如石器时代、青铜时代、铁器时代，可见冶金术具有划时代意义。西亚和中亚是最早发明冶铜、冶铁技术的地区，并在数千年的发展中具备了青铜器和铁器丰富的制造经验。

到古巴伦王国时期，青铜器大量涌现。青铜的发明在当时是一件很了不起的事情，它克服了纯铜柔软的弱点，且具有熔点低、铸造性能好等优点，逐渐成为古代铜器中的主要品种，并促进了车、船、雕刻、金属加工等制造技术的发展。

人类最早利用的铁是自天上落下的陨石，又称陨铁，后来人们才发明了炼铁技术。公元前8～前7世纪，两河流域地区率先进入了铁器时代。

第五节　古埃及的外科技术

古埃及有着悠久的外科技术史，早在远古时期就有行成年礼的习俗，到古代埃及这种习俗一直被沿袭下来。

古埃及人相信人死后仍活在另一世界中，因此他们崇拜死者，竭力保存尸体，发明了做成木乃伊保存尸体的方法。在制作木乃伊的过程中，古埃及人获得了人体解剖学和尸体防腐技术，他们把内脏从尸体中取出，然后用防腐的各种药物和香料殓藏尸体，尸体干化后变成木乃伊。1991年，埃及科学家穆罕默德·塞闭特博士发现，古埃及人在制作木乃伊时使用了放射性物质。他对埃及国家博物馆内藏的法老和王后的木乃伊进行研究，利用探测仪器测出这几具不同时期、不同地点的木乃伊体内的填充物中均含有放射性物质，释放出"α、β、γ"射线，由此清楚古埃及人早在4000多年前就已运用放射性物质制作法老的木乃伊。

第六节　金字塔与古埃及建筑

古埃及人在建筑方面做出很大的贡献，至今仍矗立在尼罗河畔的巨大金字塔、神庙等，是古埃及人高超建筑技术最有力的证明。

古埃及人相信灵魂不死的观念，因此十分重视对墓葬的营建。墓葬的构造与日常生活的习惯基本上保持一致。文明时期的埃及墓葬可分为：马斯塔巴墓、金字塔墓和岩窟墓，其中以金字塔为代表的国王墓，更能反映出古埃及人的建筑技术发展变化。

金字塔墓是在马斯塔巴墓的基础上发展起来的，最早的金字塔是第三王朝左塞王在萨卡拉墓地建筑的阶梯金字塔。这座金字塔的建造标志着古埃及建筑史进入了一个重要的发展阶段，首次采用了全部以石料建筑的形式，而在此以前多以土坯修筑墓葬，但这座金字塔还保留着早期陵墓的一些特点。

古埃及最著名的金字塔是斯奈夫鲁王的继承者胡夫、哈夫拉和门卡乌拉在开罗附近吉萨修建的三座，其中尤以第四王朝胡夫金字塔最为壮观。这座金字塔原高 146 米（现为 137 米），塔基每边边长 230 米，用了大约平均重 2.5 吨的 230 万块石材砌成。入口位于塔身北侧，高出地面的 20 米处。在塔中心地下 30 米处，有一被废弃的墓室，有斜坡墓道与入口相通，估计是原设计的墓室。沿入口不远处的一条向上通行的甬道可到达第二个墓室，即所谓的"王后墓室"。从王后墓室再向上走便可到达最上面的国王墓室，这里放置着胡夫的花岗岩石棺。国王墓室高约 6 米，用一块重 400 吨的大石板覆盖，其上筑有 5 层空间结构，以减轻盖石的承重，最上层用巨石筑成三角形尖金字塔，无论在规模上还是在建筑设计及结构上都达到相当高的水平，被人誉为"古代世界七大奇迹之一"。

据推测，古埃及人当时使用杠杆、滚木和木制十字杆来运输这些石块，建造了如此巨大的建筑物。然而他们是怎样进行施工、如何定方向和直角等，至今还是未能解开的一个谜。值得一提的是，第一座金字塔的建筑师是伊姆霍特普，他是人类历史上第一位留下姓名的建筑学家。

第七节　古代中国的科学技术

夏以前、夏、商、西周（～公元前771年）

原始社会时，我国已有了农、牧业和原始手工业。进入奴隶社会以后，由于奴隶阶级的辛勤劳动，农牧业和手工业有了较大的发展。商代时，在农牧业生产的推动下，开始了对天文和数学的研究，制定了较好的历法，并已使用十进位记数法。商代青铜的冶炼和铸造技术达到了很高的水平。但是，由于奴隶主的残酷剥削和统治，严重地阻碍了奴隶社会后期社会生产力和科学技术的发展。

数　学

五千多年前的仰韶文化时期的彩陶器上，绘有多种几何图形，仰韶文化遗址中还出土了六角和九角形的陶环，说明当时已有一些简单的几何知识。我国是世界上最早使用十进制记数的国家之一。商代甲骨文中已有十进制记数，最大数字为三万。商和西周时已掌握自然数的简单运算，已会运用倍数。

天　文

我国古代有世界上最丰富、最系统的天象观测记录。《竹书纪年》中载有夏桀十年（约公元前1580年）"夜中星陨如雨"，这是世界上最早的关于流星雨的记载。商代甲骨文中还有世界上最早的关于日食、月食和新星等的记载。商代甲骨文中已采用干支记日法。商代制定的历法中已有闰月。

周代我国已用圭表观测日影来确定季节，用刻漏（亦称漏刻）来记时。这两种仪器在我国古代沿用了很长时期。西周时我国已用二十八宿（我国古代把天上某些星的集合体称为宿）来划分周天。

冶　金

在河北唐山大城山龙山文化遗址中发现了红铜制造的铜器。在稍晚的甘肃武威皇娘娘台齐家文化遗址中发现有单范铸造和经过冷锻的红铜器，表明当时已能冶铜。商代的青铜冶铸技术达到了相当高的水平。河南安阳、郑州等地发现了商代的大规模青铜冶铸作坊遗迹。各地的商代遗址中出土了大量青铜器。对河南偃师二里头出土的早商青铜器的研究表明，当时在铸造中已采用了多合范。商代的许多青铜器形制宏伟，造型复杂，制作十分精巧。湖南宁乡沩山出土的商代四羊尊可能已采用"失腊铸法"。河南安阳武官村出土的商代晚期的司母戊方鼎重达875公斤。商代墓葬中还出土了镀锡的铜器和锡、铅、金器。公元前15～前13世纪的河北藁城县商代遗址中出土的铁刃青铜钺（古代的一种兵器，形似斧），刃部是经过锻打的陨铁薄片，表明当时已有一定水平的锻造技术，并且对铁的性质有了一些认识。

气象学

商代甲骨文中有大量关于天气现象的记载，有晴、昙（云彩密布）、阴、霾（天气混浊）、雾、虹、蜺（副虹）、霜、雪、雷、电、雹等字。

西周初年的《诗经》记载七个月中的自然现象和农事活动的内容，这是世界上现存最早的物候记载。

物理学

西安半坡村等仰韶文化遗址出土了许多尖底汲水陶罐。这种陶罐两侧系绳，空时倾斜，将满时直立，水盛满时自动倾覆，表明当时在实践中对于物体的重心与平衡已有一些初步的认识。商代我国人民已能制造石磬和成套的铜铙等乐器，经过对河南安阳大司空村出土的商代后期的铜铙的研究，推测当时已具有十二音律中的九律，并已有了五度谐和的观念。商周间我国已有"五行说"和"阴阳说"。"五行说"认为世界万物都是由金、木、水、火、土五种基本物质元素所组成，"阴阳说"认为万物发展变化的原因是"阴"、"阳"两种相对抗的力量，这是我国古代具有朴素唯物主义和朴素辩证法因素的关于物质构成和变化学说。周代我国人民已使用"阳燧"（亦称"夫燧"，即凹面镜）聚焦阳光取火，这是人类最早利用太阳能的一种方法。

水 利

传说公元前二千多年前，夏代大禹曾领导人民进行治水，整理黄河河道，疏导洪水入海。这一传说表明我国人民在很早以前就进行过治河工作。四千多年前我国人民已会凿井取水，在河北邯郸涧沟龙山文化遗址中发现了水井的遗迹。

春秋、战国（公元前 770 年～公元前 221 年）

春秋以来，随着冶铁手工业的发展和铁制工具的使用，社会生产力迅速提高。奴隶阶级反对奴隶主的残酷剥削和统治，不断举行起义，沉重地打击了奴隶制的生产关系，推动着社会的变革。新兴封建地主阶级的代表李悝、商鞅等人先后在魏、秦等诸侯国实行变法。战国时期，封建制生产关系在许多诸侯国逐渐代替奴隶制生产关系并日益发展，我国社会面貌发生巨大的变化。农业、牧业、水利、采矿、冶铁以及其他手工业等社会生产和科学技术出现了生气勃勃的发展局面。农业生产技术的发展奠定了我国精耕细作的优良传统的基础；大规模的水利建设为我国农业生产的进一步提高创造了良好的条件；冶炼、铸造和机械制造技术的发展对生产力的提高起了重要的作用；以《内经》为代表的我国医学理论体系初步形成；天文学、地学、数学、物理学等方面也有很大发展；许多思想家、科学家得出了一些朴素的唯物主义自然观，著名的思想家荀况提出"明于天人之分"和"制天命而用之"的光辉思想，给了奴隶主阶级的天命论以沉重的打击。

数　学

至迟在春秋末年，我国劳动人民在生产实践中创造了一种简便的计算工具——算筹，应用算筹进行运算是我国古代的主要计算方法。春秋战国时期，我国人民又有了分数概念、整数四则运算和九九表。春秋末期的《孙子兵法》中有分数应用的记载。《管子·地员》《荀子·大略》等著作中都有九九诀的记载。战国时我国劳动人民在制造农具、车辆和兵器等的实践中已有了角度的概念。《考工记·车人》中有多种角度的名称。

公元前 4 ～前 3 世纪，墨家的著作《墨经》中有点、线、面、方、圆等几何概念。

天文学

自公元前 722 年直到公元 1910 年，我国的干支记日从未间断过，这是世界上迄今最长久最完整的记日。《春秋》中记载了我国自公元前722年~前481年间的37次日食，其中32次据推算是可靠的，这是世界上最完整的上古时期的日食记录。《春秋·僖公十六年》有世界上关于陨石的最早记载。《左传·僖公十六年》更明确地指出落于宋国境内的陨石即陨星。

《春秋·鲁文公十四年》记载了公元前613年秋"有星孛（即彗星）入于北斗"，这是关于哈雷彗星的最早记载，比西方早六百七十多年。我国古代共有关于哈雷彗星的记载31次。公元前六世纪，我国已采用十九年七闰月的置闰方法制定历法，比希腊人早一百多年。战国时楚国人屈原（约公元前340~前278年）在《天问》中就宇宙形成和宇宙构造等问题向奴隶主阶级的传统观念提出了挑战，对我国古代科学思想的发展有一定的影响。战国时，尸佼（约公元前390~前330年）提出了朴素的地动思想，名家惠施（公元前370~前310年）提出了朴素的地圆思想。约公元前360~前350年，战国时楚国甘德（生卒年代不详）的《天文星占》和魏国石申（生卒年代不详）的《星占》（均已佚）各记载了数百颗恒星的方位，这是世界上最早的星表，比欧洲第一个星表古希腊伊巴谷的星表早约二百多年。公元前4世纪，战国时我国已采用定一回归年为365 1／4日的《四分历》，比欧洲罗马人在公元前46年颁行的，用同样数据的《儒略历》早三百年以上。战国时已发现木星十二年运行一周（现代实测是11.86年）并根据木星在天空的位置来纪年，即星岁纪年法。

冶 金

广西一带出土了许多春秋以来的铸造精美的铜鼓，反映了我国西南地区各族人民很早以前就已有较高的青铜铸造技术。

河南洛阳出土的春秋末至战国时的大件青铜器，有些已采用器身的附件分别铸造，然后再以合金（可能是铅铜合金）焊接成整体的工艺。战国时的《考工记》中有六种不同成分的铜锡合金及其用途的记载，与现代应用的锡青铜规范大体相同，这是世界上最早的关于合金成分研究的记载。至迟在春秋时，我国人民已掌握了冶铁技术。江苏六合县程桥、湖南长沙龙洞坡等地出土了春秋时的铁器。战国初或稍早已发明铸铁技术，这是我国劳动人民对冶金技术的重大贡献，比外国早一千八百年左右。

河北兴隆县寿王坟出土了大量战国时的铁范，其中有较复杂的复合范和双型腔，还采用了难度较大的金属型芯，反映了当时的铸造工艺已有较高水平。战国时发明的用柔化退火制造可锻铸件的技术和多管鼓风技术是冶金技术的重要成就，比欧洲早二千年左右。战国时还掌握了块炼铁固态渗碳制钢的方法和淬火技术。

物理学

《管子·地数》载："山上有慈石（即磁石）者，其下有铜金。"这是世界上有关磁石的最早记载之一，说明春秋战国时我国人民对磁石的性质已有了一些了解。《管子·地员》记载了我国古代人民在音乐实践中创造的计算音程以确定五音的"三分损益法"，这是我国古代乐律史上的重要成就。公元前 4 世纪，战国时名家提出了朴素的极限概念和物质无限可分的思想："一尺之棰（短棍），日取其半，万世不竭。"名家还提出关于运动的物体又动又不动的辩证关系的看法。公元前 4～前 3 世纪，墨家的著作《墨子》在物理学方面有许多重要成就。《墨经》中有关于力、力系的平衡和杠杆、斜面等简单机械的论述；记载了关于小孔成像和平面镜、凹面镜、凸面镜成像的观察研究，首先提概念以及朴素的时间（"久"，即宙）和空间（"宇"）的概念。战国时的《庄子·徐无鬼》中有关于声音共振现象的记载。

春秋末年我国人民已使用天平和砝码。湖南长沙春秋末至战国间的楚墓中出土了大量天平和砝码。春秋战国时期我国出现了一些朴素唯物主义的关于世界物质具有统一的本源的思想。《管子·水地》提出水是万物之源。荀况认为世界万物的总根源是"气"。关于物质性的"气"的学说对我国古代自然观的发展有很大的影响。荀况还提出了"天行有常"（即自然界的运动都有它的客观规律）的观点和"制天命而用之"的光辉思想，尖锐地批判了天命论。

战国末期，《韩非子·有度》中载有"先王立司南端朝夕"，这是关于"司南"的最早记载。《鬼谷子·谋》中也有"郑人之取玉也，载司南之车，为其不惑也"的记载。"司南"是指示方向的器具。公元前239 年我国有关于磁石吸铁的记载："慈石召铁，或引之也。"这是世界上关于磁石吸铁的最早记载之一。

水 利

《管子·度地》是我国古代水利方面的重要文献，它总结了古代劳动人民灌溉和堤防工程技术的经验，提出了改造河川的理想，并且指出："善为国者，必先除其五害。""五害之属，水最为大。"公元前 597 年左右，春秋时楚国孙叔敖（生卒年代不详）主持修建了芍陂蓄水灌溉工程（即今安徽寿县安丰塘），这是我国最早的大型水库。汉代以来又在芍陂陆续兴建了许多闸门等设施。公元前 6 ~ 前 5 世纪，春秋时楚国和吴国人民开凿了邗沟等 4 条运河。公元前 386 ~ 前 371 年间，战国时魏国无神论者西门豹（生卒年代不详）主持修建了引漳灌邺（今河南安阳一带）工程，开凿渠道 12 条。《史记·滑稽列传》载有西门豹机智地战胜宗教迷信势力和开凿水渠的故事。自公元前 360 年开始，魏国人民开凿鸿沟，沟通黄河、淮河和长江三大水系，即便于通航，又利于灌溉。约于公元前 256 ~ 前 251 年间开始，秦国李冰（生卒年代不详）父子率领四川人民修建著名的都江堰水利工程，在灌县附近修堤筑堰，巧设"鱼嘴"，把岷江水分成内江和外江，在内江上设置石人作为水尺以测量水位，成功地运用了一定水头下通过一定流量的堰流原理控制分水流量，不仅解除了岷江水患，还"溉农田万顷"使蜀地成为"天府之国"。都江堰工程在规划、设计和施工等方面都具有相当高的科学水平和创造性，是古代水利工程的杰出成就，至今仍发挥效益。自公元前 246 年开始，水工郑国（生卒年代不详）在关中地区主持修建郑国渠，引泾水通向洛水，渠长"三百余里"，"溉泽卤之地四万余顷"，还采用了淤灌压碱的办法以改良土壤。而且，战国时，我国人民修筑黄河堤防的技术已有相当高的水平。《韩非子·喻老》中记载了当时魏国的筑堤专家白丹（白圭，生卒年代不详）注意到"千丈之堤，以蝼蚁之穴溃"，并且提出堵蚁穴以固堤的方法。

其他技术

考古发现，春秋以前我国已使用铜犁，春秋末期已有铁制小农具，战国中期以后铁制农具已相当普遍。河南辉县固围村战国魏墓出土有整个耕作过程中使用的全套铁农具。春秋是我国劳动人民已发明桔槔（一种利用杠杆提水的工具，西汉时刘向的《说苑·反质》记载了邓析（？ ~ 公元前 501 年）教人使用桔槔的事迹。公元前 5 世纪，春秋时我国已发明利用杠杆的抛石机（砲），用以抛石杀伤敌人。商代已有原始的笔，春秋时已能制造毛笔，河南信阳春秋晚期的楚墓中出土有毛笔。在湖北大冶铜绿山发现的春秋末到战国初的古矿井遗址表明，当时已有效地采用竖井、斜井、斜巷和平巷相结合的多段开拓方式，最深的竖井深达五十余米，井巷以榫接或搭接的井架支护，使用了辘轳等提升工具，同时能利用重力选矿的方法分析矿床品位并以此确定巷道的掘进方向，反映出当时采矿技术已有相当高的水平，已初步解决了井下通风、排水、照明等一系列技术问题。战时成书的《考工记》是我国古代工程技术上的重要著作，书中记载了生产工具、生活用具、乐器、兵器等制作规范以及城市、房屋等建筑的设置规范。

战国时漆器制造业已相当发达。湖南长沙楚墓出土有大量精美的漆器。商代我国已有较好的马用挽具，河南安阳殷墓出土了整套马用挽具。战国时的马用挽具已相当完善，并且有了便于乘骑的马鞍、马镫等。而且战国时，我国已能制造相当精致的马车，河南辉县战国遗址中发现了一批战车的遗迹。《庄子·天道》记载了制车工匠轮扁以无畏的精神讥笑齐桓公所读的"圣人"之书只不过是"古人之糟粕"的故事，显示了古代劳动人民对"圣人"的蔑视。约公元前 256 年，战国时劳动人民在修建都江堰工程时，在开山劈岭的施工中采用了"积薪烧之"，使岩石因热胀冷缩不匀而自行崩裂，这是施工技术上的一个创造。

秦、汉（公元前 221 年 ~ 公元 220 年）

秦始皇建立了我国历史上第一个统一的、多民族的封建专制的国家。在中央集权的封建制的国家的建立和巩固过程中，秦始皇采取了统一文字、度量衡和车轨（车子两轮间的距离）等措施，有利于社会生产力和科学技术的发展。但是，秦王朝统治阶级对劳动人民的残酷压迫，引起了陈胜、吴广领导的我国历史上第一次农民大起义，最终导致秦王朝的灭亡。西汉前期中央集权的封建国家不断加强和巩固。汉武帝时期是西汉的鼎盛时期，由于各族人民的辛勤劳动，社会经济和科学文化得到了较快的发展，使我国在当时的世界文明国家中走在前列。但是，西汉时期土地兼并不断发展，劳动人民日益贫困，西汉末年爆发了大规模的农民起义。东汉时期豪强地主势力迅速膨胀，封建统治阶级日益腐败，限制了社会生产和科学技术的发展。杰出的唯物主义思想家王充对谶纬迷信进行了尖锐的斗争，著名科学家张衡也上书要求禁止谶纬之学。秦汉时期由于农业生产的需要，天文、历法、数学等方面有了很大的发展。《氾胜之书》《周髀算经》《九章算术》《伤寒杂病论》等著作标志了我国农学、天文学、数学、医学等达到了新的水平。纺织、机械、冶金、建筑、造船等技术也有了较大的发展。造纸术的发明是我国古代劳动人民对世界文明做出的重大贡献。

天文学

马王堆三号汉墓出土的公元前 170 年左右的帛书《五星占》中，载有公元前 246 ~ 前 177 年间木星、土星和金星的位置，还记载了金星的会合周期为 584.4 日（今测为 583.93 日），并已注意到金星的五个会合周期为 8 年（与今测值只差 2 天零 10 小时），表明当时对行星运动的观察已有相当高的水平。公元前 104 年，司马迁（公元前 145 ~？）、平民落下闳（生卒年代不详）和邓平（生卒年代不详）等人制定《太初历》。《太初历》采用"八十一分法"（即定一朔望月为 29 天零 43 / 81 日）和有利于农业生产的二十四节气，是我国历史上第一部统一的较完整的历法。西汉司马迁的《史记·天官书》记载了五百多颗恒星的位置，还记录了恒星的各种颜色以及各种云状、云速、云距等。公元前 1 世纪西汉时已认识到月光是日光的反射。《汉书·天文志》详细地记载了公元前 32 年 10 月 24 日出现的一次极光，这是世界上较早的精确的极光观测记录。我国古代有世界上最丰富的极光记录，为研究太阳活动和地磁变化等提供了宝贵的资料。《汉书·五行志》有世界上关于太阳黑子的最早的记录。西汉末年我国已有朴素的关于地球公转的思想。东汉贾逵（公元 30 ~ 101 年）明确指出黄道和赤道有一交角，在我国首先利用黄道坐标系测定天体的位置。他还发现月亮的视运动有快慢，并测定了近点月。东汉张衡（公元 78 ~ 139 年）在《浑天仪图注》中记载了当时测定的黄道和赤道的交角为二十四度（我国古代一圆周为三百六十五又四分之一度，二十四度换算成现在的角度单位是 23.655 度，与现在推算公元 100 年时的黄赤交角 23.685 度比，相差不过百分之三度）；他在《灵宪》中正确地解释了月蚀的原理，还提出了宇宙无限的思想，张衡对古代天文学的发展做出了重大的贡献。公元 133 年，张衡上书要求一律禁绝谶纬说，给唯心主义谶纬说以有力的打击。公元117年，东汉张衡主持制成的"水运浑天仪"，是用水作动力，由复杂的齿轮系传动的天文仪器，他可以准确地自动演示天体运行的情况，是现代天象仪的前身，这是古代天文仪器的重要创造。"水运浑天仪"还是世界上最早的机械性计时器，欧洲到公元12世纪才有机械性计时器。公元178～183年间，东汉刘洪（生卒年代不详）制订《乾象历》，于公元223年三国时在吴国颁行。刘洪发现了白道与黄道约6度交角和日月蚀的蚀限，并提出计算合朔（日月相会）、满月和上、下弦时刻的方法。《后汉书·天文志》载有世界上最早的超新星爆发的记录。汉代，关于宇宙的构造形成了"盖天说""浑天说"和"宣夜说"等派别，展开了激烈的辩论。以《周髀算经》为代表的"盖天说"认为天是一个弯曲的盖子，地也是一个弯曲的面。落下闳、张衡等人总结和发展了当时较先进的"浑天说"，认为"浑天如鸡子，天体圆如弹丸，地如鸡中黄"。东汉郗萌（生卒年代不详）所提倡的"宣夜说"认为天没有形质，"高远无极"，日月星辰都是飘浮在空中的，这是朴素的无限宇宙的概念。

数　学

公元前1世纪成书的《周髀算经》是我国现存最早的天文数学著作，它总结了我国古代天文学中所应用的数学知识，其中包括直角三角勾股定理的应用和复杂分数的运算。约公元1世纪东汉时成书的《九章算术》是我国较早的杰出的数学专著，内容包括246个应用问题及其解法，涉及算术、初等代数、初等几何等各个方面。其中关于多元一次方程组解法的记载是世界上最早的，比印度早四百多年，比欧洲早一千三百多年。关于正负数的概念，正负数加减法则的记载也是世界上最早的，欧洲到16～17世纪才有正负数的概念。关于开平方、开立方以及一般二次方程的解法等在世界上也都是最早的。《九章算术》是我国古代劳动人民在长期的生产实践中积累起来的数学知识的结晶，为我国古代数学的发展奠定了基础。

农　学

西汉时成书的《尔雅》中的《释草》《释木》《释虫》《释鱼》《释鸟》《释兽》等篇载有一千多种动植物的名称和约六百多种动植物的形，并且对动植物作了初步的分类。湖南长沙马王堆西汉墓出土了公元前168年以前的帛书《相马经》，西汉时曾有《相六畜经》三十八卷，这些都表明西汉时家畜外形学已形成较系统的理论。东汉时还曾铸造了作为鉴别良马标准的铜马模型。欧洲到18世纪才出现家畜外形学的著作和类似的铜马模型。汉武帝时在全国设置牧马苑大规模养马，并从西域大宛（在今中亚细亚）等地输入良种马，通过杂交来改良品种。汉代养羊业也有较大发展。

公元前89年，汉武帝刘彻任命赵过（生卒年代不详）为搜都尉（主管农业的官吏）。赵过在汉武帝的离宫内经过对比试验，推广了"代田法"，增加了亩产量。公元前1世纪，西汉后期氾胜之（生卒年代不详）所著的《氾胜之书》是我国古代的一部重要农书。它总结了古代黄河流域劳动人民的农业生产经验，记述了耕作的原则和许多作物的栽培技术，其中关于区田法、溲（动物粪溺）种法、穗选法、嫁接法、调节稻田水温法以及复种、轮作、间作和混作的记载在我国都是最早的，书中还特别注意了提高单位面积产量。《氾胜之书》反映了我国当时的农业生产技术已有相当高的水平。西汉末年，我国已经利用温室栽培蔬菜。我国劳动人民很早就掌握了池塘养鱼技术，积累了丰富的经验。西汉时的《陶朱公养鱼法》是世界上最早的养鱼专著。四川彭水县东汉墓出土的陶田模型表明，当时四川地区劳动人民为了充分利用土地，已经大量开山造田。我国古代劳动人民在长期与蝗虫灾害作斗争中积累了丰富的经验，创造了较先进的灭蝗技术。据记载，公元2年西汉时即曾进行过大规模的人工灭蝗工作。东汉王充（公元27年~？）的《论衡》中载有蝗虫的生活习性和开沟陷杀跳蝻的灭蝗方法。公元166年左右，东汉进步政论家崔寔（约公元103年~约公元170年）的《四民月令》记载了十二个月的农事活动，这是我国最早的农家历，其中关于稻秧移栽、果树埋植繁殖法等的记载都是最早的。崔寔还记载了大麻在雌株开花前拔去雄株，雌株即不能结实的事实，第一次说明植物性别与繁育的关系。我国人民很早就种植甘蔗并以蔗汁制糖。战国时的《楚辞·招魂》和东汉杨孚的《异物志》都有相关记载。

医药学

秦始皇嬴政继承和发展了秦孝公时期的医事制度，在政府中设太医令、太医丞以掌管医药。秦始皇还曾组织医生编纂整理先秦的医药书籍。西汉时，侍医李柱国于公元前26年整理医书，共得医经七家二百一十六卷，经方十一家二百七十四卷。公元前2世纪，西汉名医淳于意（公元前215

年～？）作"诊籍"，这是作病例记录的开始，《史记·仓公传》中有他所记载的一十五个"诊籍"。湖北江陵凤凰山汉墓和湖南长沙马王堆一号汉墓出土的西汉早期的尸体保存至今均仍十分完整，皮下组织尚有弹性，内脏也保存完好，说明当时已有相当先进的尸体防腐技术。

马王堆三号汉墓出土的公元前168年左右的帛书医书中有关于脉法、灸经和医方等著作，帛书医方中载有内、外、妇产、小儿、五官等科五十多种疾病的二百八十多个医方和二百四十多种药品，是我国现存最古的医方。我国人民很早就很重视体育医疗，战国时的《行气玉佩铭》（约公元前380年左右）和《庄子·刻意》中都有体育医疗的记载。马王堆三号汉墓出土的帛画《导引图》，是我国现存最早的医疗体育图解。公元25～57年左右，渔民"涪翁"（姓名和生卒年代不详）是精通针灸法的民间医生，著有《针经》《诊脉法》等著作，但均已失传。汉代成书的《神农本草经》是我国现存最早的一部药物学专著，它总结了古代劳动人民丰富的药物知识，记载了365种药物，包括人参、甘草、当归、大黄、麻黄、黄连等大部分现代常用中药。其中关于用麻黄治气喘、海藻治甲状腺肿（卷二）、常山（蜀漆）治疟疾（卷三）等的记载都是世界上最早的，这些药物疗效显著，至今仍广泛使用。甘肃省武威县东汉墓出土的医方简牍中所载的药物已有膏、汤、丸、散、醴、滴、栓等许多剂型，反映出当时我国药剂学已有相当高的水平。东汉末年，名医华佗（约公元141年～？）成功地用口服全身麻醉药麻沸散进行全身麻醉，作腹腔外科大手术，这是世界医学史上的杰出成就。他还创"五禽戏"，提倡体育疗法。公元196～204年间，东汉末张仲景（约公元150～219年）著《伤寒杂病论》，他收集了许多民间验方，总结了古代劳动人民与疾病斗争的经验，对病理、诊断、疗法、方剂等作了全面论述，比较系统地总结了"辩证（症）施治"的原则，把中医临床治疗提高到一个新的水平，至今仍然指导着中医的临床实践，是中医学的重要典籍。其中关于肺脓疡、黄疸、痢疾、阑尾炎等的治疗方法以及关于人工呼吸的记载等，都有很高的实用价值。

建筑工程

秦始皇时，为了抵御北方民族奴隶主的骚扰，从公元前214年开始，数十万军民在秦、燕、赵等国原有长城的基础上修筑著名的万里长城，长城"起临洮（今甘肃岷县），至辽东，延袤万余里"，它是古代世界上最伟大的工程之一。秦始皇时大修驰道，东起山东半岛，西至甘肃临洮，北抵辽东，南达湖北一带，主要线路宽达五十步，道旁植树，工程十分浩大，是古代筑路史上的杰出成就，加上其他水陆通道，形成了全国规模的交通网。至迟在秦代已有承重用砖，秦始皇陵东侧的俑坑中有砖墙，砖质坚硬。砖的发明是建筑史上的重要成就之一。汉代建筑已广泛使用砖，木结构建筑技术也渐趋成熟，还有了多种拱顶结构和高达四五层的楼房。

冶　金

公元前 2 世纪，秦始皇设铁官管理全国冶铁事业。汉武帝进一步实行盐铁官营，据《汉书·地理志》及《汉书·贡禹传》记载，当时在全国设铁官 49 处，矿冶手工业者达到十万多人。西汉时冶铁技术有很大的发展。河南巩县铁生沟和南阳等地的冶铁遗址的发掘表明，西汉时的炼铁竖炉已有较大规模，有的竖炉高达 4 米左右。西汉时已使用煤来炼铁，用石灰石等碱性溶剂造渣脱硫，并采用了把矿石预先破碎，经过筛选使得粒度均匀的整粒技术。西汉还出现了原始的预热鼓风设备。这些都是冶铁技术上的重大进展。欧洲一千多年后才有炼铁竖炉，17 世纪才用煤炼铁。西汉时还发明了低温炒钢炉，已能炼出较高质量的钢。河北满城西汉刘胜墓出土的钢剑，有的钢杂质含量、组织均匀等方面已接近现代优质钢的水平。河南温县发现了东汉早期的烘范窑，出土了五百多套各种陶范，许多都是一箱多器或多箱套铸的陶范。经研究，在浇铸前已对陶范预热以保证铸件质量，并且对造型材料的选择已考虑到可塑性、透气性、耐火度和退让性，母范、外范、内范和加固泥分别采取不同的砂土比例。这些都反映了汉代的壳型铸造工艺已达较高水平。公元前 2 世纪的《淮南万毕术》中载有："白青（硫酸铜）得铁，即化为铜。"即硫酸铜溶液与铁作用而产生铜的置换反应，也就是"胆水（硫酸铜溶液）浸铜法"的基本原理。

魏、晋、南北朝（公元 220 年～公元 589 年）

东汉末年的黄巾大起义消灭了一批豪强大地主，推动了三国时期社会生产力的发展。西晋统治阶级大量霸占农田，南北朝的门阀士族封山占水，他们残酷剥削农民，严重地阻碍社会生产力和科学技术的发展。西晋到南北朝爆发了一系列农民起义，沉重地打击了豪强大地主。南朝无神论者范缜高举"神灭论"的旗帜，与以梁武帝萧衍为首的佛教徒的"神不灭论"展开了激烈的斗争，坚持了形谢神灭的唯物主义观点。著名科学家贾思勰重视实践，系统地总结了劳动人民的生产经验，对我国农业科学作出了重大贡献。祖冲之勇于创新，在天文历法和数学上取得了杰出的成就。地学、医药学、冶炼、化学等也有重要进展。我国科学技术在斗争中继续前进。

数 学

魏晋间赵爽（生卒年代不详）在《勾股圆方图注》中用几何方法严格证明了勾股定理，他的方法已体现了割补原理的思想。赵爽还提出了用几何方法求解二次方程的新方法。公元 263 年，三国魏人刘徽（生卒年代不详）作《九章算术注》，他反对"踵古"，指出过去的圆周率近似值的粗疏，在卷一《方田》中运用"割圆术"（即用圆内接正多边形面积无限逼近圆面积的办法），得出圆周率的近似值为 3927 ／ 1250（即 3.1416）。他的"割圆术"体现了极限的思想，他说："割之弥细，所失弥小，割之又割以至于不可割，则于圆合体而无所失矣。"该书最后一部分《重差》总结和研究了古代劳动人民的测量术，唐代以后独立成书，称为《海岛算经》。约于公元 4 世纪～公元 5 世纪成书的《孙子算经》提出了"物不知数"的问题并作了解答。后经南宋秦九韶发展成为一次同余式理论，被称为"中国的剩余定理"。欧洲公元 1801 年德国人高斯（Karl Friedrich Gauss）才提出同一定理。公元 5 世纪，祖冲之从天文和器械制造的实践需要出发，推算出圆周率在 3.1415926 与 3.1415927 之间，有效数字达到 8 位，公元 1427 年，阿拉伯人阿尔～卡西（al～Kashi）才超过他。祖冲之还确立了圆周率的分数式表示：密率＝ 355 ／ 113，疏率＝ 22 ／ 7。其中密率是分子分母在 1000 以内的最佳值，欧洲直到 16 世纪德国人鄂图（Valentinus Otto）和荷兰人安托尼兹（A.Anthonisz）才得出同样结果。祖冲之杰出的数学著作《缀术》已失传。祖冲之和他的儿子祖暅还得出了球体体积的正确公式，并提出"幂势既同则积不容异"，即二立体等高处截面积均相等则二体体积相等的定理。欧洲 17 世纪意大利数学家卡瓦列利（Bonaventura Cavalieri）才提出同一定理。

天文学

公元 237 年，三国魏人杨伟（生卒年代不详）制订《景初历》时，提出了推算日、月食的食分和亏起方位角的方法。公元 330 年左右，西晋虞喜（公元 281 ~ 356 年）发现岁差，定冬至点每五十年在黄道上西移一度。

公元 412 年，北凉赵䵹（公元 401 ~ 430 年）制订《元始历》时打破十九年七闰月的传统，创立六百年二百二十一闰月的置闰方法，对后来的历法改革有很大影响。河南孟津县的北魏墓墓顶上绘有星象图，图上有银河和三百多颗星，绝大多数均可辨认。这是世界上现存最早的星图之一。公元 462 年，南朝宋、齐间的祖冲之（公元 429 ~ 500 年）编制《大明历》时，首次把岁差计算在内，定一回归年为 365.2428 日，一交点月为 27.21223 日（现代数据分别为 365.2422 日和 27.21222 日）。祖冲之对历法作出了许多创造性的贡献，《大明历》是当时最好的一部历法。公元 6 世纪，南朝梁人祖暅发现当时的极星（天枢星）距北极有一度多的偏离。公元 6 世纪，北齐张子信（生卒年代不详）在海岛上观测天象三十多年，发现太阳一年间的视运动有快慢，并且初步掌握了太阳视运动快慢变化的规律，对隋唐历法的改革有重要影响。他还对日月交食的规律进行了研究，对提高交食预报的准确性作出了贡献。

冶　金

三国魏人张揖的《广雅》卷八中载有白铜——铜镍合金；魏人钟会的《蒭荛论》中载有黄铜——铜锌合金，这些记载表明我国当时已应用白铜和黄铜制造器物。在河南渑池县发现了北魏时期的窖藏铁器，其中有汉魏到北朝的铁器四千多件。经鉴定，铸件中已包括除合金铸铁外的现代所有铸铁品种，其中有低硅灰口铁，这是铸铁史上的一项奇迹，生铁铸件经脱碳热处理变成钢件（铸铁脱碳钢）的工艺也是杰出的创造，在有些铸件中还发现了类似现代球墨铸铁的球墨组织，这些都表明汉魏以来铸铁和热处理技术有了进一步的发展。南北朝时期我国已广泛应用灌钢技术炼钢。陶弘景的《名医别录》中载有："钢铁是杂炼生（生铁）鍒（熟铁）作刀镰者。"《北史·綦母怀文传》载有以灌钢技术造"宿铁刀"的方法。灌钢技术是一种把生铁和熟铁按一定比例配合加热熔炼、渗碳而成钢的方法，在近代炼钢法发明之前，这是一种先进的炼钢技术，是我国古代劳动人民的杰出创造。

地　学

公元 230 ~ 242 年，三国时吴国孙权曾派遣上万兵士的大舰队自江浙一带航海到夷州（今我国台湾省）、辽东和海南岛等地。孙权是大规模航海的倡导者。公元3世纪，西晋京相璠（生卒年代不详）和裴秀（公元223～271年）著《禹贡九州地域图记》十八篇并绘制"一寸为百里"的全国地图《方丈图》。裴秀总结了我国古代的制图经验，提出绘制地图的原则"制图六体"，其中包括比例、距离、方位等制图的科学原则，对地图学的发展作出了重大贡献。公元399～412年，东晋法显（姓龚，名字不详，法显是法号，约公元337～422年）曾到印度、斯里兰卡等许多地方，归国后于公元416年写成《佛国记》，这是研究中亚和印度等的古代地理的重要文献。南朝刘宋时，谢庄（生卒年代不详）制成了可以表示地形的木图，这是世界上最早的立体地图。公元512～518年，北魏郦道元（？～公元527年）著《水经注》，对《水经》作了重大补充，全面记载了1252条河流的源头、河道、支流以及流域的水文、地形、气候、土壤、物产等，是内容丰富的综合性地理巨著。《续汉书·郡国志》和《水经注》卷三十八中关于湖南湘乡县石鱼山的鱼化石的记载，是世界上较早的关于化石的详细记载。

医药学

公元3世纪，魏晋间王叔和（生卒年代不详）著的《脉经》是世界上最早的脉学专著。他把脉象归纳为二十四种，并把诊脉与辨证（症）联系起来，对我国诊断学的发展有很大影响，在世界上也有一定地位。公元256年左右，晋代皇甫谧（公元215～282年）编成《黄帝三部针灸甲乙经》（简称《针灸甲乙经》），记载了人体全身经穴共649个，详述其部位、主治疾病、针刺分寸和艾灸壮数等，这是世界上重要的针灸学专著，被译成多种文字流传国外，对针灸学的发展有较大贡献。晋代葛洪（约公元281～340年）著的《肘后救卒方》是一部急救手册，记载了多种疾病和民间常用药方，其中关于天花症状的正确描述（卷七）和关于恙虫（"沙虱"）病（卷七）的记载都是世界上最早的。公元470年，南朝刘宋时的雷敩（生卒年代不详）总结劳动人民的制药经验，编成《炮炙论》，书中记载了炮、炙、煨、炒等十七种制药方法，这是我国现存最早的药剂学专著。公元502年左右，南朝齐、梁间陶弘景（公元452～536年）著《本草经集注》，记载了730种药物的特性。陶弘景认为医药知识来源于劳动人民，他在《本草经集注·序录》中写道："藕皮散血起自庖人（厨师），牵牛

（一种植物）逐水近出野老（农民）。"（原书已佚，现存有敦煌残卷，但其主要内容保存于后来的本草中）。公元475～502年间，南齐龚庆宣（生卒年代不详）著《刘涓子鬼遗方》。这是我国现存最早的外科专著，记载了内外治疗处方140多个，其中用黄连、雄黄和汞等消毒药物配制成的软膏治疗痈疽（毒疮）等的处方（卷五）有较好的疗效。南北朝时我国已发明金针拨内障技术，这种医疗技术至今仍有实用价值。

化学　化工

晋代葛洪所著的《抱朴子》中的卷四《金丹》、卷一十一《仙药》、卷十六《黄白》等篇描述了很多化学反应，葛洪还发现了化学反应的可逆性，他说："丹砂烧之成水银，积变又还成丹砂。"（即把红色的硫化汞加热分解出汞来，再把汞与硫化合升华，又成为红色的硫化汞）。他又说："铅性白也，而赤之为丹（即四氧化三铅）；丹性赤也，而白之为铅。"这是化分与化合、氧化与还原的朴素的表述。

隋、唐、五代（公元589年～公元960年）

隋唐的建立结束了西晋末年以来长期分裂的局面，社会生产力得到一定的恢复和发展。大运河的开凿促进了南北经济、文化的交流。隋末农民大起义又一次打击了豪强地主阶级，在一定程度上减轻了生产和科学技术发展的阻力。在农民起义的推动下，唐朝的社会生产有了较大发展，经济和文化出现了繁荣的局面，随着海陆空交通的发达，与各国的交流也日益频繁，唐朝一度成为当时世界上文明发达的、强盛的国家。隋唐的科学技术有很大发展，天文学、历法、地理学、医药学等方面以及农业、纺织、陶瓷、建筑、航海等技术都有了不少新的成就。火药和印刷术的发明是我国古代科学技术的重大成就，对世界文明的发展也做出了贡献。唯物主义思想家柳宗元、刘禹锡等人批判了有神论和天命论，发展了朴素的唯物主义自然观。

数　学

公元600年，隋代刘焯在制订《皇极历》时，在世界上最早提出了等间距二次内插公式，这在数学史上是一项杰出的创造。公元626年左右，唐代王孝通（生卒年代不详）在《缉古算术》中解决了大规模土方工程所提出的三次方程求根的问题。公元 680 年，唐代李淳风等注释《周髀算经》《九章算术》《海岛算经》等十部数学著作已作为唐代的数学教科书，称为《算经十书》，对保存我国古代数学著作做出了贡献。公元 727 年，张虽在制定《大衍历》时首创不等间距的二次内插公式。

天文学

公元 600 年，隋代刘焯（公元 544～610 年）制订《皇极历》时用等间距二次内插法计算日月的运行，采用定朔，并定岁差为 75 年差 1°（换算成现在的度数为每 76.1 年差 1°）已同准确值接近（今测为每隔 71.6 年差 1°），当时欧洲还沿用每隔 100 年差 1° 的数据。由于保守派的反对，《皇极历》在当时没有颁行。公元 665 年，唐代李淳风（公元 602 年～670 年）制订的《麟德历》采用了刘焯的定朔的方法。隋代丹元子（生卒年代不详）作《步天歌》，他把恒星表编成歌诀，广为流传，对普及天文知识起了很好的作用。公元 724 年，唐代张遂（法号一行，公元 683～727 年）和梁令瓒（生卒年代不详）主持制造了黄道游仪，对日、月和五星的运行进行了观测，比较正确地掌握了太阳运动的规律，并且重新测定了恒星的位置。公元 727 年，张遂根据实测的结果制订了《大衍历》，计算方法也有很大改进，对后来的历法改革有很大影响。公元 724～726 年，张遂、南宫说（生卒年代不详）等人测量了南北十三个地点的日影长短，打破了"日影千里差一寸"的传统说法，得出地球子午线一度之长为 166.14 公里（现代实测是 111.2 公里）。

公元 725 年，张遂和梁令瓒主持建造了浑天铜仪。浑天铜仪以水力运转，通过复杂的齿轮系统，可以显示天象运行的情况，并可自动报时，这是古代天文仪器的杰出成就。在敦煌石窟中所发现的公元 940 年左右的星图上，绘有一千三百五十多颗星，绘制的方法与现代所用的麦卡托圆筒投影法相似（星图已于清末被帝国主义分子盗走）。西方在公元 1608 年发明望远镜以前的星图最多只有 1022 颗星。

地　学

公元 627 年～645 年，唐代陈祎（法号玄奘，公元 596～664 年）

旅行中亚和印度许多地区，回国后于公元646年由陈炜口述，辩机编写成《大唐西域记》，记述了沿途各地的地理和社会情况，是研究西域史地的重要文献，在世界地理史上有重要的地位。四川涪陵附近长江河床中的白鹤梁上，刻有标志长江枯水水位的石鱼图案，还有自公元764年以来一千二百多年间七十二个年份的长江枯水水位的标记，这是宝贵的长江水文资料，有重要的参考价值。唐代贾耽（公元729～805年）于公元798年绘成全国地图《九州图》（或称《国要图》），于公元801年绘成据称"广三丈，纵三丈三尺"的《海内华夷图》。公元1136年，以此为底本制成石刻《禹迹图》和《华夷图》，现仍保存于陕西西安碑林。公元813年，唐代李吉甫（公元758～814年）编成《元和郡县图志》。这是我国现存最早的全国地方志，详细记载了全国各州县的沿革、地理、户口、贡赋等，对以后的地方志有很大影响（书中所载的地图北宋后均已佚失）。《元和郡县图志》卷二十九中载有湖南郴县人民用温泉灌田一年可三熟，说明唐代劳动人民已在农业生产中利用地热。唐代我国航海事业有了很大发展。从广州出发的船舶，已经远航到现在的伊拉克一带。广州、泉州和扬州等地已成为我国的重要港口。中国海船在唐代时以安全可靠闻名于太平洋和印度洋上。

医药学

公元前610年，隋代巢元方（生卒年代不详）等集体编著的《诸病源候总论》详记了疾病的病源和症候共1720种，是世界上第一部详论疾病的病源和症状的著作。其中关于认为传染病是由外界的有害物质因素"乖戾（乖戾，反常的意思）之气"所引起以及关于过敏性皮炎的记载和寄生虫的描述等，都体现了唯物主义的病因论观点。概述"金疮肠断候"一节所记载的肠吻合手术，是外科学上的重要创造。公元624年，唐朝政府设立了较完善的医学校太医署，比欧洲意大利9世纪才建立的医学校早二百多年，分科也较细致。太医署中还设有"药园"以培养药学人才。自公元629年开始，唐代各州都相继设立了医学校，说明我国古代医学教育有了很大的发展。公元659年，唐代苏敬等20余人编成《新修本草》，载药物850种，由政府颁行。这是第一部由政府颁行的药典，比欧洲最早的《佛罗伦萨药典》早800多年。《新修本草》贯彻了厚今薄古的原则，并且注意"下询众议"。唐代我国已发明用汞合金补牙的技术，这是世界上最早的，至今仍然采用。公元 7 世纪，唐代孙思邈（约公元 581～682 年）著的《备急千金要方》和《千金翼方》载有药物八百多种，并详细记载了二百多种药物的采集和炮制方法等，收载了药方五千三百多个，其中有许多民间药方，如用动物的甲状腺治疗甲状腺肿大，用牛羊肝治夜盲症等，对药物学做出了很大贡献。公元 752 年，唐代王焘（生卒年代不详）编成《外台秘要》。他总结了唐以前的医方，并广泛收集了民间验方。该书共载方 6000 多个，内容丰富，至今仍有参考价值。藏族人民在长期与疾病的斗争中积累了丰富的医药学知识，形成了藏医药学体系。自公元 728 年开始，一些藏医着手编著藏医药学著作，经 20 多年的努力，于公元 753 年完成了藏医药学的重要文献《据悉》（即四部医典）。《据悉》分 156 章，有约 1000 张彩色鲜明、描绘细致的附图，包括人体解剖图、药物图、器械图、尿诊图、脉诊图和饮食卫生防病图六个部分。《据悉》对后来藏医药学的发展起了十分重要的作用。公元 9 世纪，唐代刘禹锡（公元 772～842 年）著《传信方》，他很重视民间简单易行的疗法，在书中收载了几十个药方，其中关于芒硝（硫酸钠晶体）再结晶的精制工艺和用羊肝丸治青盲、内障等都是现存最早的记载。公元 841～846 年间，唐代蔺道人（生卒年代不详）著《仙授理伤续断秘方》。这是我国现存最早的伤科专著，它详细叙述了骨折的处理步骤和治疗方法，如复位后用衬垫板固定并注意关节的活动等，至今仍有实用价值。该书还为中医的伤科用药奠定了理论基础。

农　业

茶起源于我国南方。西汉中叶王褒的《僮约》中即已有"烹茶"的记载。公元 758 年左右，唐代陆羽（公元 733～804 年）所著的《茶经》是世界上第一部关于茶的专著，记述了茶的形状、品质、产地、采制和烹饮的方法等。我国的茶树和种茶技术于 19 世纪初传入日本，19 世纪传入欧洲。公元 863 年，唐代段成式（生卒年代不详）的《酉阳杂俎》中记载了丰富的动植物知识，其中有关于动物逃避敌害的实例。公元 907 年左右，唐末五代间，韩鄂（生卒年代不详）著的《四时纂要》是一部农家历，按月叙述农家活动，对大田和园艺技术有较详细的记载。我国古代劳动人民很早就运用草药、针灸等方法治疗畜禽疾病，积累了丰富的经验。唐代的《司牧安骥集》是我国古代一部著名的医治马病的专著，对马病的诊断和治疗有较系统的论述。

建　筑

隋代工匠李春（生卒年代不详）于隋大业年间（公元605～618年）主持设计制造了著名的赵州安济桥（在今河北赵县洨河上）。这是一座单孔敞肩石拱桥，桥长50.82米，宽9.6米，净跨37.37米，所采用的敞间结构为世界桥梁工程的首创，是古代桥梁工程的杰出成就。它经受多次地震的考验，一直保存到现在。隋唐期间兴建了规模巨大的长安城，城周长达35.5公里，城市规划整齐，气势宏伟，最宽的大街宽达150米，干道亦在30米以上。唐代的长安城有居民120万，不仅是当时我国政治、文化中心，也是东西各国文化交流的重要都城。唐代木构建筑技术有了新的发展，在大型建筑方面取得了很大成就。西安唐大明宫麟德殿遗址的发掘表明，它的建筑面积达八千多平方米，这是已知的我国古代最大的单栋建筑。自战国中期开始出现的斗栱技术，到唐代已相当复杂华丽，称为我国古代建筑中很有特色的结构。公元857年建成的山西五台山佛光寺是现存较早规模较大的唐代木构。

化　学

公元7世纪，唐代孙思邈的《孙真人丹经》中载有混合硫磺、硝石（硝酸钾）各二两，再加入炭化了的皂角（一种豆科植物的荚果）三个的"伏硫磺法"，即混合硫磺、硝酸钾和碳制成火药，这是世界上关于火药的最早的记载。公元9世纪的《铅汞甲庚至宝集成》卷二也载有混合硫磺、硝石和马兜铃（一种植物的果实，加热后能炭化）的"伏火矾法"。公元10世纪郑思远编成的《真元妙道要略》更载有："有以硫磺、雄黄合硝石，并蜜烧之（蜜加热时能分解成碳），焰起，烧手面及烬屋舍者。"即记载了一次火药燃烧造成的事故。火药的发明是我国人民的重大贡献，对世界文明的发展有重大影响。火药于13世纪末至14世纪初传入欧洲。唐代的陶瓷工业有很大发展，陶器出现了著名的"唐三彩"，制瓷工业已成为独立的生产部门，出现了邢州窑、越州窑等名窑。五代时期制瓷技术更进一步提高，后周的柴窑名瓷"雨过天青"被称誉为"青如天，明如镜，薄如纸，声如磬"。

其他技术

印刷术是我国古代劳动人民四大发明之一，是我国人民对世界文明的重大贡献。据明代陆深的《河汾燕闲录》卷上载："隋文帝开皇十三年（公元593年）十二月八日，敕（皇帝的命令）废象遗经，悉令雕撰，此即印书之始。"明代邵经邦的《弘简录》卷四十六中则载有："（唐太宗后长孙氏）崩（公元636年），……宫司上其所撰《女则》十篇，……帝揽而嘉叹，……令梓（雕版）行之。"这些记载表明隋唐之际我国已发明刻板印刷术。在敦煌石窟中发现的公元868年出版的印刷物《金刚经》（已于清末被帝国主义分子盗走）长六尺，宽一尺，印刷已相当精美。欧洲到14世纪才有刻板印刷的技术。

机　械

唐代灌溉机械有进一步的发展。唐代侯白的《启颜录》中载有关于立井式水车的最早记载。刘禹锡的《机汲记》记载了高筒转车的结构和用途。陈廷章的《水轮赋》有关于水转筒车的描述。这些灌溉机具在我国古代农业生产中有重要的作用。公元759年，唐代李筌（生卒年代不详）在《神机制敌太白阴经》卷4中详细记载了"水平"（即水平仪）的结构，并记载了使用"水平"以及"照板""度竿"进行测量的技术。公元8世纪，唐代李皋（公元733～792年）主持建造了不用帆布而用轮子拨水前进的战船——"车船"。车船结构简单坚固，航行迅速。欧洲直到15世纪才有类似的船只。陕西西安南郊何家村出土的一批盛唐晚期（公元8世纪末）的金银器物上，有明显的切削螺纹痕迹，螺纹细密，同心度较高，起刀落刀点显著，表明当时已用简单的金属切削车床。这是我国古代劳动人民在机械工程技术上的重大成就。唐代陆龟蒙（？～约公元881年）的《耒耜经》记载了当时使用的结构已相当复杂的耕犁。犁由十个部件组成，可以调节耕作的深度，与解放前我国有些农村所使用的犁基本相同。

水　利

公元605～610年，隋朝先后征集民工二三百万人，在春秋时的邗沟、汉时的卞渠、南齐时的丹徒水道等的基础上开凿大运河。大运河以河南洛阳为中心，北达涿郡（即今河北涿州市），南至浙江杭州，总长二千五百多公里，是世界历史上最长的运河，对促进我国南北政治、经济和文化的交流起了重要的作用。

宋、辽、金、元（公元前 960 年～公元 1368 年）

唐末黄巢领导的农民大起义沉重地打击了世家豪族势力，推动封建社会进一步发展。宋结束了五代十国的分裂局面，重新建立了统一的封建国家，社会经济得到了恢复和发展。宋、辽、金、元时期，土地兼并十分严重，阶级矛盾更趋尖锐。自宋初到元末，农民起义接连不断。李顺、王小波所领导的农民起义提出了"均贫富"的战斗口号，标志着农民革命斗争提高到新的水平。北宋中期，王安石实行变法。新法中的若干措施如农田水利法等，有助于社会生产力的发展，为科学技术的发展创造了一定的条件。指南针、活字印刷术和火药武器的发明，是宋代人民在科学技术上的重大贡献。进步科学家沈括在科学技术的许多领域都取得了卓越的成就。宋代在建筑、机械、矿冶、造船、纺织、制瓷技术等方面也取得了较大的进展，医药学的发展出现了新的局面。

数　学

公元 1050 年左右，北宋贾宪（生卒年代不详）在《黄帝九章算法细草》中创造了开任意高次幂的"增乘开方法"，公元 1819 年，英国人霍纳（William George Horner）才得出同样的方法。贾宪还列出了二项式定理系数表，欧洲到 17 世纪才出现类似的"巴斯加三角"。（《黄帝九章算法细草》已佚）公元 1088～1095 年间，北宋沈括从"酒家积罂"数与"层坛"体积等生产实践问题提出了"隙积术"，开始对高阶等差级数的求和进行研究，并创立了正确的求和公式。沈括还提出"会圆术"，得出了我国古代数学史上第一个求弧长的近似公式。他还运用运筹思想分析和研究了后勤供粮与运兵进退的关系等问题。公元 1247 年，南宋秦九韶在《数书九章》中推广了增乘开方法，叙述了高次方程的数值解法，他列举了二十多个来自实践的高次方程的解法，最高为十次方程。欧洲到 16 世纪意大利人菲尔洛（Scipio Del Ferro）才提出三次方程的解法。秦九韶还系统地研究了一次同余式理论。公元 1248 年，李冶（公元 1192～1279 年）著的《测圆海镜》是第一部系统论述"天元术"（一元高次方程）的著作，这在数学史上是一项杰出的成果。在《测圆海镜·序》中，李冶批判了轻视科学实践，以数学为"九九贱技""玩物丧志"等谬论。公元1261年，南宋杨辉（生卒年代不详）在《详解九章算法》中用"垛积术"求出几类高阶等差级数之和。公元1274年，他在《乘除通变本末》中还叙述了"九归捷法"，介绍了筹算乘除的各种运算法。公元1280年，元代王恂、郭守敬等制订《授时历》时，列出了三次差的内插公式。郭守敬还运用几何方法求出相当于现在球面三角的两个公式。公元1303年，元代朱世杰（生卒年代不详）著《四元玉鉴》，他把"天元术"推广为"四元术"（四元高次联立方程），并提出消元的解法，欧洲到公元1775年法国人别朱（Etienne Bezout）才提出同样的解法。朱世杰还对各有限项级数求和问题进行了研究，在此基础上得出了高次差的内插公式，欧洲到公元1670年英国人格里高利（James Gregory）和公元1676～1678年间牛顿（IssacNcwton）才提出内插法的一般公式。公元14世纪，我国人民已使用珠算盘。在现代计算机出现之前，珠算盘是世界上简便而有效的计算工具。

天　文

公元1010～1106年，北宋进行了五次大规模的恒星位置的观测。元丰年间（公元1078～1085年）的观测结果由黄裳（？～公元1129年）绘成星图，公元1247年被刻成石刻《天文图》，现仍保存在江苏苏州，图上共有星1440颗。《宋会要辑稿·瑞异》和《宋史·天文志》等均载有公元1054年金牛座超新星爆发的记录，为现代天体物理学的研究提供了宝贵资料。北宋张载（公元1020～1077年）在《正蒙·参两》篇中提出关于宇宙的假说，他认为地是宇宙的中心，悬浮在气之中，地有自转，又有游动，日月五星与天之间有相对运动，恒星则附于天之上。公元1072年，平民出身的天文家卫朴（生卒年代不详）主持修订历法，创《奉元历》。《奉元历》比过去的历法更精密。卫朴在天文历法方面很有才能，但却受到世族官僚的排挤和迫害。沈括在天文历法方面有许多重要成就。他在《梦溪补笔谈》卷二中提出了彻底改革历法的主张：按节气定月，以立春为元旦，大月三十一日，小月三十日，大小相间，不置闰月。这种把二十四节气和十二个月完全统一起来的历法很适于农业生产的需要。公元1853年，太平天国所颁布的《天历》和20世纪30年代英国气象局开始用于农业气候统计的历法《耐普尔·肖（Napier Shaw）历》均与沈括的主张类似。公元 1073 年，沈括主持制造新的浑仪，其后并著《浑仪议》《浮漏议》《景表议》等重要的天文学科学著。公元 1072 年，他测定当时的极星（天枢星）离北极三度多。公元 1199 年，南宋杨忠辅（生卒年代不详）制订《统天历》时定一回归年为 365.2425 日，与现代所测定数值只相差 26 秒，和现行的阳历（公元 1582 年颁布）采用的数据相同。他还发现了一回归年的日数逐年变化，古大而今小。公元 1280 年，元代王恂（公元 1235 ~ 1281 年）、郭守敬（公元 1231 ~ 1316 年）等制订《授时历》时，根据实测校正了许多天文数据，计算方法也有创造。《授时历》施行了 364 年，是我国古代最精确和使用最长久的历法。郭守敬等人还创制了"简仪"（由浑仪改进、简化而成）、"仰仪"（观测太阳位置和日食的仪器）等 10 多种天文仪器，其中简仪比西方丹麦天文学家弟谷（Tycho Brahe）的同类仪器早 300 多年。公元 14 世纪，藏族著名学者布顿·仁坎珠（公元 1290 ~ 1346 年）著《贤者能喜》，这是一部天文学著作，对天象的观测有专门的论述。据统计，藏族古代天文学著作共有 514 种（其中由汉文译成或改写的有 114 种）。

医 学

公元 982 ~ 992 年间，北宋时编成的《太平圣惠方》共分 1670 门，载方 16834 个，广泛收集了宋以前的方书及民间的验方，对病症、病理和方剂药物都有论述，至今仍有参考价值。公元 1111 ~ 1117 年，在此基础上编成的《圣济总录》二百卷，收集了两万多个药方，是内容丰富的医学著作。公元 1027 年，北宋王唯一（生卒年代不详）总结历代针灸医家的实践经验，统一了针灸穴位，主持铸成表明针灸穴位的铜人两具以作为针灸教学之用，这是世界上最早的医学模型，他还著有《新铸铜人腧穴针灸图经》，对针灸学的发展作出贡献。公元 1088 ~ 1095 年间，北宋沈括（公元 1031 ~ 1095 年）所著的《良方》收载了许多民间简便而有效的药物和验方。《良方》卷一中所载的"秋石阴炼法"，记载了采用皂甙沉淀以及过滤、升华等一系列化学和物理方法从人尿中提取出相当纯净的性激素制剂——"秋石"，并应用于医疗实践，取得了良好的效果，这是医学史和生物化学史上的一项杰出的成就。沈括在《梦溪笔谈》中对不少药物的形态、采集以及配制等进行了研究，订正了前人的许多错误。公元 1076 年，王安石改革医学教育，设置太医局（医学院），内分十三科，聘请名医教授，学生一面学习一面参加医疗实践，并根据平时考试和实际疗效评定成绩，促进了医学的发展。公元 1069 年，王安石还曾参加过校订医书的活动。公元 1082 年，北宋民间医生唐慎微（生卒年代不详）编成《经史证类备急本草》。该书广泛收集了劳动人民的医学经验，记载药物 1746 种，附民间验方三千多个，保存了丰富的方药学知识，是本草学的重要著作，后来经政府两次修订颁行全国，改名为《政和经史证类备急本草》和《绍兴校定经史证类备急本草》。宋代医学各科都有发展，公元 1098 年北宋杨子建（生卒年代不详）的《十产论》和公元 1237 年南宋陈自明（公元 1190 年～？）的《妇人大全良方》是著名的妇产科著作；约公元 1107 年，北宋钱乙（公元 1035～1117 年）的《小儿药症直诀》是重要的儿科著作。南宋初，针灸医家窦材（生卒年代不详）在《扁鹊心书》卷下中记载了用山前花（曼陀罗花）和火麻花作今身麻醉的药方"睡圣散"，这是中药全身麻醉药方的最早记载，至今仍有重要的参考价值。公元 1247 年，南宋宋慈（约公元 1186～1249 年）著成《洗冤集录》，该书系统地论述了检验尸体的各种方法，是世界上第一部系统的司法检验专著，比欧洲最早的公元 1602 年意大利人菲德里（Fortunato Fedeli）的法医学著作早 350 多年，被译成多种文字广泛流传，对法医学的发展有很大影响。公元 1343 年，元代危亦林（约公元 1277～1347 年）著成《世医得效方》，对伤科的理论和技术有科学的论述。他第一次应用悬吊复位法治疗脊柱骨折，这在伤科发展史上是一个创举，欧洲到公元 1927 年英国人戴维斯（Arthur G. DaviS）才提出悬吊复位法。公元 12～14 世纪，我国一些具有革新思想的医药学家敢于突破前人的旧说，总结新的临床经验，提出了一些新的见解。活跃了医学界的空气，形成了争鸣的局面。金代刘完素（公元 1130～1200 年）认为治病必须因地、因时、因人制宜，他根据当时北方地区流行热性病的特点，总结了临床经验，提出火热致病的理论，主张多用寒凉药，提高了治疗效果。金代张元素（生卒年代不详）提出"古今异轨,古方新病,不相能也"（《金史·张元素传》），他反对泥古不化，认为应根据气候、环境和体质变通治疗。金代张从正（约公元 1156～1228 年）强调用汗、吐、泻三法治病。金元间的李杲（公元 1180～1251 年）主张温补脾胃。元代朱震亨（公元 1281～1358 年）则强调滋阴。他们的革新精神对我国古代医学的发展有很大的影响。公元 1330 年，元代忽思慧（生卒年代不详）著的《饮膳正要》论述了饮食治疗和饮食卫生，是我国第一部营养学和饮食疗法专著。

农 学

公元 1059 年，北宋蔡襄（公元 1012～1067 年）在《荔枝谱》中总结了我国古代农民栽培荔枝的经验，记载了 32 个荔枝品种以及荔枝的栽种技术、病虫害防治、加工和贮藏的方法等。这是世界上果树栽培学的最早的名著。公元 1090 年出版的北宋秦观（公元 1049～1100 年）所著的《蚕书》是世界上现存最早的关于养蚕和缫丝的专著，记述了蚕的生活特性、饲养管理方法、缫丝的技术和工具等，很有实用价值。公元 1104 年，北宋刘蒙（生卒年代不详）在《菊谱》中指出变异可以形成生物的新品种，并记有 35 个菊花品种。他说："花大者为甘菊，花小而苦者为野菊。若种园蔬肥沃之处，复同一体，是小可变而为甘也，如是则单叶变而为千叶，亦有之矣。"公元 1116 年，北宋寇宗奭（生卒年代不详）的《本草衍义》卷二十中载有："生大豆，……又可硙（磨）为腐。"在此之前我国劳动人民已能分离和凝固植物蛋白以制造豆腐。公元 1149 年，南宋陈旉（公元 1076～1156 年）的《农书》详细总结了我国南方农民种植水稻以及养蚕、栽桑、养牛等生产技术的丰富经验，并且指出通过合理施肥改良土壤，可使地力"常新壮"。至迟成书于公元 1154 年的南宋王灼（生卒年代不详）的《糖霜谱》是我国现存最早的关于种植甘蔗和制糖的专著，记述了种蔗方法、制糖器具和制造糖霜（可能是冰糖）的方法等。公元 1178 年，南宋韩彦直（生卒年代不详）著的《橘录》是世界上第一部柑橘学专著，书中记载了 26 个柑橘品种以及柑橘的栽培、病虫害防治、贮藏和加工方法等，至今仍有实用价值。公元 1273 年出版的《农桑辑要》是元朝政府编辑的农业和牧业生产技术书籍，它总结了《齐民要术》以后 700 多年农牧业生产技术的成就，对当时农牧业生产有一定的促进作用。公元 1313 年，元代王祯（生卒年代不详）著的《农书》记载了许多耕作技术以及作物栽培、家畜饲养、栽桑养蚕等农业生产经验，是我国古代重要农书之一。公元 1314 年，元代鲁明善（生卒年代不详）著《农桑撮要》（亦称《农桑衣食撮要》），他根据淮北地区的实际情况，按十二个月叙述农事，记载了农作物、蔬菜、果木的栽培以及畜牧、桑蚕、养蜂和农产品加工等技术。

水 利

约公元 978 年，宋初乔维岳（？ ~公元 1001 年）在淮南地区主持建成了世界上最早的便于通航的运河复闸，这在运河史上是一项重要的成就。欧洲到公元 1373 年才在荷兰建成运河复闸。

公元 1048 年，黄河在商胡（在今河南濮阳县东）决口，北宋朝廷派官僚郭申锡负责堵口，屡堵不成。公元 1056 年，河工高超（生卒年代不详）创造了"三埽合龙门法"巧合龙门，堵住了决口。高超的堵口方法一直为后人所采用。公元 1072 年，北宋沈括主持对 400 多公里长的汴渠作水准高度测量。他采取分层筑堰的方法得到了较为精确的数据。公元 1073 年，北宋时发明了用"铁龙爪扬泥车法"疏浚河道，这是近代用疏河机船疏浚河道方法的前身。元朝建都北京后，于公元 1283 ~ 1292 年间，先后开凿了济州河、会通河等运河，与隋代运河部分河道相接，形成贯通南北的大运河，即现代大运河的前身。后又经陆续修建，约于公元 1411 年明代时建成现代规模的大运河。大运河全长 1782 公里，至今仍是世界上最长的运河。元代郭守敬在水利建设上有许多贡献。他"尝以海面较京师（指元大都，即今北京）至汴梁（今河南开封）地形高下之差"，即以海平面比较地形的高低，这在测量史上是重要的进步。他于公元 1291 ~ 1292 年主持修建了北京附近的白浮堰工程，解决了大运河北段通惠河的水源不足的困难。公元 1321 年，元代沙克什（瞻思，生卒年代不详）根据北宋和金代内容基本相同的著作修订编成《河防通议》，记载了我国古代劳动人民治河、防洪的丰富经验，这是世界上较早的水利工程技术专著之一。公元 1344 年，黄河在山东曹县决口成灾。公元 1351 年堵口时，遇到了流大水急不能下埽的困难。民工们把二十七艘大船捆接在一起，船上满载草石，驶至决口处同时凿沉，再抛下土石等物，终于堵住了决口。这是堵口技术上的一个创造。

冶 金

公元 1041 年，北宋李焘在《续资治通鉴长编》中记载了青堂羌族（古代居住在青海西宁一带的民族）人民利用冷锻加工硬化锻造铁甲的先进技术。沈括的《梦溪笔谈》中也有冷锻技术的记载，他说这种铁甲"去之五十步，强弩射之不能入"。五代初轩辕述所著的《宝藏论》中有以"苦胆水"浸熬制"铁铜"的记载，并把"铁铜"列为当时生产的十种铜之一，表明五代时已应用胆水浸铜法制铜，宋初，胆水浸铜法大量用于生产。公元1094～1098年间，张潜（生卒年代不详）编成关于浸铜技术的专著《浸铜要略》（已佚）。北宋时胆铜产地有11处，年产量达180万斤左右。胆水浸铜法是世界上最早的湿法冶金技术，在实际上已利用细菌冶金方法，这是我国古代劳动人民在冶金史上的重要贡献。宋代矿冶业有很大发展。据记载，公元12世纪初仅信州（今江西上饶）一地的铜铅矿就曾有十余万人昼夜开采冶炼）王安石变法后的元丰年间（公元1078～1084年）一年产铁约550万斤，产铜约1460万斤，分别为唐德宗时（公元780～805年）年产量的1.7倍和55倍。宋代赵希鹄的《洞天清禄集·古钟鼎彝器辨》中记载了我国古代劳动人民很早以前发明的铸造铜器的蜡模造型法，即现代精密铸造中广泛应用的"失蜡铸法"。用这种方法可以铸造各种形状复杂的器物，铸造质量较高。我国人民的这一发明是对铸造技术的重要贡献。

建　筑

北宋木工喻皓（生卒年代不详）在建筑方面有很高的技艺和丰富的经验，他于公元989年主持建造高十一层的汴京（今河南开封）开宝寺木塔（今已不存）。因当地常刮西北风，他把塔身修成略向西北倾斜以增强塔身的抗风能力和延长它的寿命，这是建筑史上的一项创造。他总结前人和自己的实践经验写成《木经》三卷（已佚）。公元11世纪初，我国已在城市建设类似自来水的设施，这是城市建设的重要进展。公元1032～1033年间，北宋"牢城废卒"（姓名及生卒年代不详）在青州（今山东益都市）主持建成"虹桥"。这是用木梁交叠而成的拱桥，叠梁结构是我国古代建桥工程技术的卓越成就。公元1056年，辽代时建成山西应县佛宫寺木塔。塔高67米，内部采用斜撑和支柱相结合的结构方式，历经数次地震考验，至今仍然完好，这是建塔技术上的一大成就。木塔上共有不同型式的斗拱五十多种。公元1059年，北宋蔡襄主持建成长达"三百六十丈"的著名的大石桥——泉州万安桥（在今福建泉州市），建桥时利用蛎房胶固桥基，首创"筏形基础"，这是古代建桥工程中的重要发明之一。公元1169年，开始在潮州海阳县（今广东潮安县）兴建的广济桥是世界上第一座开关活动式大石桥。公元1103年，北宋李诫（约公元1060～1110年）编写的《营造法式》

出版，它的内容包括土木工程技术，建筑设计和规范估工算料的规定等，总结了古代劳动人民长期积累的丰富经验，标志我国古代建筑技术已发展到较高阶段，是我国和世界建筑史上的珍贵文献。

火　药

北宋时，公元 970 年冯继升（生卒年代不详）进"火箭法"，公元 1000 年唐福（生卒年代不详）献火箭、火球、火蒺藜。公元 1044 年，北宋曾公亮主编的《武经总要》前集卷十二也记载了用火药制造火箭、火炮、火蒺藜等的方法。这些都是火药用于武器的最早记载。公元 1132 年，南宋陈规（生卒年代不祥）率领的士兵使用了以竹筒装载火药喷火烧敌人的"火枪"。公元 1259 年，南宋寿春府（今安徽省寿县）人民创造了竹筒内装火药和"子窠"的管形火器"突火枪"，这是近代枪炮的雏形。

印　刷

公元 1041 ～ 1048 年间，北宋"布衣"（平民）毕昇（？～约公元 1051 年）发明了活字印刷术，他用胶泥烧制成的活字排版印刷。活字印刷术的发明是我国古代劳动人民对世界文明的重大贡献。欧洲最早在 400 多年后才开始用活字印刷。世界上现存最早的活字是在敦煌石窟中发现的约公元 14 世纪初的古回鹘（回鹘是我国古代西部地区的民族）文的木活字（这些木活字的大部分已于清末为帝国主义分子盗走）。现存最早的木活字版印刷品是在宁夏发现的约公元 14 世纪初的西夏文佛经。曾公亮主编的《武经总要》前集卷十二载有一种火攻兵器"猛火油柜"，这是以石油制品"猛火油"作为燃料的原始的火焰喷射器，即现代火焰喷射器的前身。北宋我国劳动人民已掌握开凿"筒井"的技术。据《志林》卷四载，公元 1041 ～ 1054 年间，四川地区人民已能开凿数十丈深的筒井以取盐水煮盐。公元 976 ～ 997 年间，北宋平民出身的造船师张平（生卒年代不详）主持建成了内坞："穿池引水，系舟其中。"公元 1068 ～ 1077 年间，北宋黄怀信（生卒年代不祥）在汴京（今河南开封）主持建造了一座干船坞，船坞可以修二十多丈长的大船。公元 1090 年，北宋苏颂（公元 1020 ～ 1101 年）在《新仪象法要》卷下中记载了他和韩公廉（生卒年代不详）所创制的"水运仪象台"，这是世界上第一座结构复杂的活动天文台，可用以观测天象和自动演示天象运行的情况，又是能自动报时的大型天文钟，其中有巧妙的擒纵装置，是近代钟表中重要机件擒纵器（卡子）的前身。北宋时我国已有走马灯的记载。走马灯是世界上最早利用热气流产生机械旋转的装置，它的原理与近代的汽轮机、燃气轮机相同。欧洲到16世纪才有类似的装置。公元1130～1135年间，南宋杨幺领导的农民起义军建造了有22至24个桨轮的脚踏车船，船长二十至三十丈，可载七八百人，速度快，机动性强。起义军用这种车船在洞庭湖上屡败官兵。公元1156～1161年间，金代劳动人民创造了在林区山峰间架设木架滑道以运集木材的技术，这种技术对森林采伐业的发展有着重要的作用。在福建泉州湾发现的一艘宋代海船，它的载重量在二百吨以上，船上采用了水密隔舱结构，结构坚固，安全可靠，船只在一部分遭受破坏时其余部分仍不受影响。这是我国古代造船工匠的重要创举，外国船只到近代才有类似的结构。宋代我国劳动人民已使用双作活塞风箱鼓风炼铁，这是我国人民在机械工程史上的重要创造。这种风箱的原理15世纪传入欧洲。元代福建沿海劳动人民已发明了海滩晒盐技术，这是我国古代人民在制盐技术上的重要贡献。据南宋赵与（rong）的《辛巳泣蕲录》载，公元1221年金人在作战中已广泛使用"铁火炮"，"其形如匏（瓢葫芦）状而口小，用生铁铸成，厚有二寸"，施放时，"其声大如霹雳"。这是关于火炮的最早记载。世界上现存最早的火炮是公元1332年元代铸造的铜火铳。公元1276年，元初郭守敬作"简仪"时，于环内广面卧施圆轴四，使赤道环旋转无涩滞之患。"圆轴"即滚柱，这是世界上第一次关于滚柱轴承的记载。欧洲15世纪达·芬奇（Leonardo da Vinci）才提出滚柱轴承的设计。

纺　织

约公元1295年，元初黄道婆（约公元1245年～？）海南岛黎族人民先进的棉纺织技术带到了江南地区；她还创造或改进了从轧花到织布的一系列机械和技术，推动了长江下游一带棉纺织业的发展。公元1313年，元代王祯著的《农书》中有"农器图谱"二十卷，记载了当时使用的农业和手工业器械200多种，是我国古代农业和手工业器械的大汇编，有重要的参考价值。《农书》卷十九中所载的"水转大纺车"是纺织机械史上的重要发明，欧洲到公元1769年才出现水力纺车。王祯所著的《造活字印书法》是世界上最早的系统叙述活字印刷术的重要文献之一，他所设计的转轮排字架是排字技术上的重要发明。王祯于公元1298年用木活字印刷书籍，为活字印刷术的推广作出了贡献。

化　学

公元1044年，北宋曾公亮主编的《武经总要》前集中载有"火炮火药法""毒药烟毬火药法"和"蒺藜火毬火药法"，记载了以硫磺、焰硝（硝酸钾）、松脂以及其他不同物质按一定的比例和操作程序制成不同用途的火药，这是世界上最早的火药配方和工艺流程的记载。北宋时在河南开封已设有专门制造火药的工场"火药作（作坊）"。

石　油

我国是世界上最早炼制石油的国家。《宋会要辑稿·职官》所载北宋设在开封的军事工场中有"猛火油作（作坊）"，表明当时已用石油炼制"猛火油"以供作战之用。我国是世界上最早开凿石油井的国家。据成书于公元1303年的《大元大一统志》卷五百四十二载："在延长县南迎河有凿开石油一井，其油可燃，兼治六畜疥癣，……又延川县西北八十里永平村有一井，……"记载表明，在此之前我国人民已在陕北地区开凿石油井采油。西方到公元1859年美国人才凿成第一口石油井。

制瓷

宋代制瓷技术有很大的进步，出现了划花、刻花、印花、彩绘、釉上彩等工艺。江西景德镇开始形成为著名的瓷都。宋代瓷器已大量出口。我国制瓷技术10世纪开始传入亚洲一些国家，15世纪传入欧洲。

物　理

北宋初年，杨亿（公元974～1020年）的《杨文公谈苑》中记载了天然晶体的色散现象："嘉州峨嵋山有菩萨石，人多收之，色莹白如玉，如上饶水晶之类，日射之有五色，……"（《杨文公谈苑》已佚）。公元1044年，北宋曾公亮（公元998～1078年）主编的《武经总要》前集卷十五中所记载的"指南鱼"的制作方法，是世界上关于利用地磁场进行人工磁化的最早记载，记载表明，当时在实践中已知道利用地磁的倾角。欧洲到公元 1544 年，德国人哈特曼（George Hartmann）才发现地磁倾角。北宋张载在《正蒙·太和》中说："太虚不能无气，气不能不聚为万物，万物不能不散而为太虚。"他的"虚空即气"的学说发展了朴素唯物主义的空间观并且包含了朴素唯物主义的物质不灭思想。张载在《正蒙·参两》中说："凡圆转之物，动必有机，既谓之机，则动非自外也。"即认为万物运动的原因在于它的自身。他还认为万物的变化是阴阳二气"相兼相制，欲一之而不能"的结果。公元 1070 年，北宋王安石（公元 1021～1086 年）在《洪范传》中发展了唯物主义的"气"的学说，他不仅认为"气"构成万物（"生物者，气也"），万物的发展变化是无穷的（"往来乎天地之间而不穷者也"），他还认为万物发展变化的原因是"其中有耦"（耦即偶，对立面），并且"耦之中又有耦焉，万物之变遂至于无穷"。北宋沈括的《梦溪笔谈》中载："方家以磁石磨针锋，则能指南，然常微偏东，不全南也。"这是关于利用天然磁体进行人工磁化以及地磁偏角的最早记载。西方到公元 1205 年法国人古约（Guyot de provins）才记载了用同样方法制造指南针。公元 1492 年，意大利人哥伦布（Christopher Columbus）才发现地磁偏角。在《梦溪笔谈》卷二十四中，沈括还记载了指南针的四种装置方法。《梦溪笔谈》中载有："阳燧面洼，向日照之，光皆聚向内。离镜一二寸，光聚为一点。大如麻菽，著物则火发，此即腰鼓最细处也。"这是关于凹面镜焦点的最早的明确描述。欧洲到公元 1267 年英国人培根（Roger Bacon）才发现凹面镜的焦点。公元 1119 年，北宋朱彧在《萍洲可谈》中第一次记载了指南针用于航海："舟师识地理，夜则观星，昼则观日，阴晦观指南针。"我国是世界上最早应用指南针于航海的国家，西方公元 1190 年英国人纳肯（Alexander Neckam）才有指南针用于航海的记载。南宋赵友钦（生卒年代不详）著的《革象新书》"小罅光景"中记载了他所作的光学实验，对视角、光的直线传播和照度有所研究，通过实验得出小孔成像的规律等正确结论。他采取改变各种条件的方法来观察物理现象以寻找规律，这在当时是很可贵的。

气　象

南宋吕祖谦于公元 1180～1181 年间写的《庚子～辛丑日记》记录了浙江金华地区一年零七个月的物候，其中包括二十多种植物开花以及春莺初到、秋虫初鸣等的时间，这是现存世界上最早的实际观测物候记录，对物候学的研究有参考价值。公元 1247 年，南宋秦九韶（公元 1202～1261 年）的《数书九章》卷四中载有计算雨量器容积的题目"天池测雨"和"圆罂测雨"。我国是世界上最早使用雨量器的国家，西方到公元 1639 年才有人提出使用雨量器的想法。《数书九章》卷四中还载有测量降雪量的题目"竹器验雪"。

公元 1360 年左右，元末娄元礼（生卒年代不详）编成《田家五行》。该书记载了我国古代劳动人民在生产斗争中积累的丰富的看天经验共五百多条，从不同侧面揭示了天气、气候变化的一些规律，包括短期和中长期预报等，许多内容至今仍有参考价值。

地 学

公元 976～984 年间，北宋乐史（公元 930～1007 年）编著《太平寰宇记》二百卷，该书记载了全国各地的地方志以及人物、物产、风俗等资料，是宋代重要的地理著作。沈括在地学方面作出了许多杰出的贡献。公元 1077 年左右，他根据山西太行山石壁层中的螺蚌壳堆积，科学地推断当地为"昔之海滨"，比意大利的达·芬奇（Leonardo da Vinci）的同类观察研究早 400 年左右。他根据延州（今陕西延州县一带）类似竹子（实际上是新芦木）的化石推断过去该地区气候温湿，欧洲直到公元 1763 年才有人提出推断古气候的类似见解。公元 1073 年，沈括还根据实地考察提出流水对地形的侵蚀作用，比英国的赫顿（James Hutton）早 700 多年。沈括还记载了陕西鄜延（今延安一带）产石油并可用于制墨。公元 1076～1087 年，沈括编绘了"二寸折一百里"的《天下州县图》（又称《守令图》，已佚，这是当时最好的全国地图）。公元 1120 年，宋代时在江苏吴江上设"水则碑"，碑上有用以测量水位的刻度，还刻有历年的水位，这是我国较早的系统的水文观测记录。公元 1150 年，南宋郑樵（公元 1104～1162 年）编著的《通志》中的《地理略》《都邑略》是重要的沿革地理著作。公元 1280 年，元朝政府派都实（生卒年代不详）等人勘察黄河河源，对河源区的扎陵湖、鄂陵湖和星宿海一带作了详细的考察。公元 1315 年潘昂霄（生卒年代不详）根据都实的调查写成的《河源志》，已明确指出黄河河源在星宿海西南百余里处,该处有"水从地涌出如井,其井百余"。公元 1311 ~ 1320 年,元代朱思本(公元 1273 ~ 1333 年)绘制了全国地图《舆地图》(已佚,对我国古代地图学的发展有较大的影响)。公元 1564 年明代罗洪先(公元 1504 ~ 1564 年)予以增补,改绘成《广舆图》44 幅,精度比以前大大提高。

明、清(鸦片战争以前)(公元前 1368 年 ~ 公元 1840 年)

在元末农民大起义的推动下,明初的社会生产力有了一定的发展。明代中期以后,土地高度集中,阶级矛盾日益尖锐,明末李自成领导的农民起义军沉重地打击了封建地主阶级的统治,推翻了明王朝。清初农业、手工业生产有所恢复和发展。但是,随着封建制度日益腐朽没落,社会生产力和科学技术的发展也日趋迟缓。明代中叶以后出现的资本主义萌芽,由于受到封建制度的严重束缚而得不到进一步发展。我国古代科学技术的许多领域在世界上曾经长期处于领先的地位,但是进入明代中叶之后却逐渐落后了。明清时期纺织、冶炼、制瓷、制糖、造纸、印刷、造船等手工业的规模和技术都有相当程度的发展。李时珍的《本草纲目》、徐光启的《农政全书》、宋应星的《天工开物》等著作系统地总结了我国古代农业、手工业技术以及医药学、生物学等方面的重要成就,达到了很高的水平。明代中叶以后,西方自然科学知识开始传入我国。

数 学

公元 1450 年吴敬(生卒年代不详)的《九章算法比类大全》中记载了珠算口诀。公元 1592 年程大位(公元 1533 年 ~ ?)的《直指算法统宗》是当时广泛流传的珠算术书籍。公元 1607 年,明代徐光启等翻译欧几里得《几何原本》(Euclid:Elements of Geometry)前六卷,公元 1613 年李之藻(公元 1565 ~ 1630 年)翻译《同文算指》(主要根据 Clavius:Epitome arith-meticae practicae),欧洲数学开始引入我国。公元 1723 年,清代梅毂成(公元 1681 ~ 1763 年)等人编成《数理精蕴》五十三卷,介绍西方数学以及我国古代数学的一些成就,是当时的数学百科全书。公元 1774 年出版的清代明安图(? ~ 约公元 1765 年)著的《割圆密率捷法》，证明和扩充了用解析方法求圆周率的公式。明安图还用他自己独创的几何方法对三角函数展开式进行了研究。公元18世纪，清代唯物主义思想家戴震（公元1724～1777年）校勘《周髀算经》《九章算术》等著作，对保存我国古代数学成就作出了贡献。

天 文

公元1405～1433年，明代郑和（公元1371～1435年）七次下西洋时所绘制的"航海图"上所载的"过洋牵星图"四幅，是我国古代航海天文学的宝贵资料。明代董谷（生卒年代不详）在《碧里杂存·蠡龙子》中提出了具有朴素唯物主义和朴素辩证法的关于宇宙演化的思想，他认为宇宙是没有开端的，但是一个具体的天体系统则是有起源的。公元1608年，明代邢云路（生卒年代不详）测得一回归年为365.242190日，已准确至十万分之一日（今测值为365.242193日）。公元1644年，清初颁行《时宪历》，改平气为定气，是历法的又一次改革。《时宪历》一直施行到清末。清代平民天文学家王锡阐（公元1628～1682年）著《晓庵新法》等13种天文学著作，独立提出计算金星凌日的凌始和凌终方位角的方法等。王锡阐尖锐地批判了脱离实际和唯心主义，并同外国传教士否定我国古代科学文化的谬说进行斗争。

冶 金

公元1404年左右，明代永乐年间铸造的大铜钟（现保存在北京西直门外觉生寺），是世界上著名的大钟之一。铜钟高7米，重40多吨，铸造精美，表现出明代劳动人民铸造技术上的高度成就。公元15世纪，明代中叶我国已大量生产金属锌。宋应星的《天工开物·五金》中有关于密封加热冶炼"倭铅"（锌）方法的记载。明代的钱币"永乐通宝"（公元1403～1424年）有的含锌高达99%。欧洲到18世纪才开始冶炼锌。宋应星的《天工开物》记载了我国古代冶金技术的许多成就，如冶炼生铁和熟铁（低碳钢）的连续生产工艺，退火、正火、淬火、化学热处理等钢铁热处理工艺和固体渗碳工艺等。

农　学

公元 1376 年，明代俞宗本（一称俞贞木，生卒年代不详）托名郭橐驼著的《种树书》汇集了唐宋一些著作的内容，总结了古代劳动人民栽培豆、麦、蔬菜等的丰富经验，特别是在果树栽培中进行人工选择的经验，记载了多种树木的嫁接方法，如桃、李、杏的近缘嫁接和桑、梨的远缘嫁接等，具有相当高的水平。公元 1406 年，明代朱橚（？～公元 1425 年）的《救荒本草》收集了 414 种可供食用的野生植物资料，载明产地、形态、性味及其可食部分和食法，并绘有精细图谱，保存了古代劳动人民食用野生植物的宝贵经验，是一部较有价值的植物学著作。公元 1547 年左右，明代马一龙（？～公元 1571 年）著的《农说》记载了水稻的精耕细耘、密植、育苗、移栽等种植经验，并用阴阳二气的相互作用来分析说明耕作技术的原理，提出"知其所宜，用其不可弃；知其所宜，避其不可为，力足以胜天"的观点，这是我国第一部运用哲学观点来阐述农业技术的著作。公元 16 世纪，明代黄省曾（生卒年代不详）的《养鱼经》记述了淡水鱼的品种及其养殖方法，是现存最早的淡水养鱼专著。公元 1596 年出版的李时珍（公元 1518～1593 年）的《本草纲目》中，对植物的分类采用了比较系统、明晰的"析族区类"的分类方法，与现代植物学的分类方法基本相同，比西方植物分类学的创始人林耐（Carl von Linne）的分类早 130 多年。李时珍对动物的分类基本上按照由简单到复杂、由低等向高等进化的顺序排列，包含了进化论思想的萌芽。公元 1596 年，明代屠本畯（生卒年代不详）的《闽中海错疏》是现存最早的海洋生物专著，记载了福建沿海一带以海生无脊椎动物和鱼类为主的 200 多种水族生物的形态和生活习性等。公元 1608 年，明代喻仁（喻本元）、喻杰（喻本亨）（生卒年代均不详）合著的《元亨疗马集》是著名的兽医学著作，内容包括对马、牛和骆驼的治疗经验，至今仍有实用价值。公元 17 世纪初，明代耿荫楼（？～公元 1638 年）的《国脉民天》记载了区田、亲田、养种、晒种、蓄粪等精耕细作的农业技术，书中关于通过有意识的人工选择来培育良种的经验，达到相当高的水平。公元 1637 年，明末宋应星的《天工开物·甘嗜》记载了甘蔗的栽培技术以及制糖设备和工艺过程，具有相当高的科学价值，其中关于用石灰澄清法处理蔗汁的工艺，至今仍为世界公认的最经济的方法。公元 1639 年出版的明代徐光启（公元 1562～1633 年）的《农政全书》，包括农事、水利、农具、树艺、蚕桑、畜牧和荒政等共十二个门类，辑录了古代农书的许多内容，全面总结了我国古代的农业生产技术，并有许多创造性的见解，是内容丰富的农业科学巨著。徐光启《农政全书》卷四十四中所载的《除蝗疏》是我国最早的治蝗专著，系统地记载了蝗虫的生活习性和扑杀方法等。明末涟川沈氏（名字及生卒年代不详）著《沈氏农书》，公元 1658 年清代张履祥（公元 1611～1674 年）加以校订并著《补农书》。二书总结了我国古代南方农民种植水稻的丰富经验，其中还有小麦移栽的记载，在农业生产技术上有重要的参考价值。明末清初，王夫之（公元 1619～1692 年）在《思问录·外篇》中提出了关于生物体的新陈代谢的观念，他说："质日代而形如一，……肌肉之日生而旧者消也，人所未知也。人见形之不变而不知其质之已迁。"

公元 1688 年，清代陈淏子（约公元 1612～？）著的《花镜》记载了 300 多种花木果树的品种和栽培方法，是我国现存最早的园艺专著。陈淏子总结了劳动人民与自然界斗争的经验，指出通过人工培育可以改变植物的特性，强调"人力可以夺天功"（卷 2）的思想。公元 1776 年，清代齐倬（生卒年代不详）为杨屾的《修齐直指》所作的注中，记载了陕西农民以小麦、谷子和蔬菜等套种，达到一年三收或二年十三收的方法。这些技术体现了我国古代农民的高度智慧和创造性。清代吴其浚（公元 1789～1847 年）著有《植物名实图考》三十八卷，其中收载植物 1714 种，分谷类、蔬菜、山草、隰草等十二类，记述了每种植物的形色、性味、产地和用途，并附有插图，还考订了古今名称的异同，力求名实相符。这是我国古代具有相当科学水平的重要的植物学专著。

水　利

公元 15 世纪初，明永乐年间重开大运河山东境内的会通河一段时，采用了老百姓白英（生卒年代不详）的建议，在汶河上筑坝拦水，把汶河水引至会通河上的最高点然后南北分流，保证了会通河的水量，使航运畅通无阻（《明史·河渠志》）。明代杰出的治河专家潘季驯（公元

1521～1595年）四度负责治理黄河工作，主持治河27年。针对当时死套前人书本的"经义治河"的陈腐观点，潘季驯认为"尽信书不如无书"。他经过实地考查，努力实践，总结出"以堤束水，以水攻沙"的治黄方针，对后来的治黄工作有很大影响。他的《河防一览》是治黄的代表著作之一。他在卷二《河议辨惑》中批判了"偶见一决，……辄自委之天数"的天命论，指出"归天归神，误事最大"，并且鲜明地提出"人力至而天心顺"的思想。

公元1678～1688年，清康熙时，靳辅（公元1633～1692年）和平民出身的陈潢（公元1637～1688年）主持治理黄河，进一步发展了"束水攻沙"的治河方针，收到显著的效果。靳辅在《河工守成疏》中总结劳动人民治黄经验所提出的"放淤固堤法"是治黄工作中的创见，至今仍有实用价值。陈潢经过对黄河上游的实地考察，提出了从上游根治黄河的卓越主张，但未被采纳。他还发明了测定河水流速流量的"测水法"。陈潢的才能未能充分发挥，最后竟被腐败官僚迫害致死（《清史稿·靳辅传》）。公元1743年，清代胡定（生卒年代不详）总结黄河上游劳动人民防止水土流失的经验，提出了在上游遍设谷坊以阻滞沙土的治黄措施。

气　象

公元14世纪中叶的《白猿献三光图》（作者不详）载有132幅云图，并与天气变化联系起来，绝大部分与现代气象学原理相一致。欧洲到公元1879年才出版只有16幅的云图。明代周履靖（生卒年代不详）的《天文占验》是比较切合实用的天气谚语书，张燮（公元1574～1640年）的《东西洋考》（公元1617年）对海洋占候有详细的记载。我国是世界上最早掌握人工消雹方法的国家。公元1695年，清初刘献庭（公元1648～1695年）的《广阳杂记》卷3中记载了我国甘肃地区人民用火炮消除冰雹的方法。清代黄履庄（公元1656年～？）发明"验燥湿器"，据记载这是灵敏度较高的湿度计。他还制造过"验冷热器"（温度计）。据《大清圣祖仁皇帝实录》卷二百六十七载，公元1716年，清代爱新觉罗·玄烨（康熙）"常立小旗占风，并令直隶各省，凡起风下雨之时，一一奏报。见有京师于是日内起西北风，而山东于是日起东南风者。"这是世界上最早的统一气象观测网的设想，也是世界上关于锋面不连续的最早的发现。

化　工

公元 1596 年，明代李时珍的《本草纲目》记载了 276 种无机药物的化学性质以及蒸馏、蒸发、升华、重结晶、沉淀、烧灼等技术，在化学上有重要贡献。公元 1637 年，明末宋应星在《天工开物》中记述冶炼技术时，把铅、铜、汞、硫等许多化学元素看作是基本的物质，而把与它们有关的反应所产生的物质看作是派生的物质，说明当时已有化学元素概念的萌芽。公元 1652 年左右，明末清初方以智在《物理小识》卷七中记载了炼焦炭的方法："煤则各处产之。臭者，烧熔而闭之。成石，再凿而入炉，曰礁。"欧洲到公元 1771 年才开始炼焦。明代制瓷工艺进一步发展，已由单色釉发展到多彩瓷，色彩鲜明，做工精致。明清之际还出现了结晶釉工艺。清代康熙、雍正、乾隆时期制瓷工业相当发达，彩瓷的制作达到相当高的水平。

建　筑

明代中叶的《营造正式》（又名《鲁班经》）总结了我国古代南方民间建筑的丰富经验，曾在江南民间广泛流传，有很大的影响。明代对元大都加以改建和扩充，建成了宏伟的北京城。北京城规划严整，街道平直，建筑群重点突出，主次分明。城内有较完善的砖筑下水道系统。北京城华丽的宫殿和巨大的建筑群，充分体现了我国古代劳动人民在建筑技术和艺术上的创造性。著名木工蒯祥（约公元 1387 年~？）参加了北京城的规划和设计工作。

自 1654 年开始，西藏人民重建拉萨布达拉宫，主要工程用了 50 多年。布达拉宫依布达拉山而筑，从山腰到山顶高达十三层，巍峨高耸，气势磅礴，内部结构复杂，是藏族人民血汗和智慧的结晶。清初工匠出身的雷发达（公元 1619 ~ 1693 年）和他的子孙七代，先后主持了北京圆明园、颐和园、玉泉山、香山、北海和中南海等的规划设计，为我国古代建筑作出了贡献，被称为"样式雷"。雷发达曾用硬纸板制成可以揭开房顶观察内部结构的建筑模型，这是我国以活动模型进行设计之始。

地　学

公元 1405 ~ 1433 年，明代郑和率领规模巨大的船队七次下西洋，航行数万里，到达 30 多个国家，开辟了我国到东非的航路，是当时世界上规模最大的远洋航行。郑和主持绘制的《航海图》是我国第一部海图。公元 1564 年，明代沈棻（公元 1498 ~ 1564 年）写成《吴江水考》，他对湖水的侵蚀搬运作用作了详细的考察研究，并提出防止湖水侵蚀的方法。李时珍的《本草纲目》中载有岩、矿和化石共一百六十多种，保存了我国古代人民丰富的矿物知识，有重要的参考价值。公元 1607 ~ 1640 年，明末徐宏祖（徐霞客，公元 1586 ~ 1641 年）旅行我国许多地区，写成《徐霞客游记》，其中对石灰岩溶蚀地貌的详细考察研究达到相当高的水平，是世界上最早的描述石灰岩地貌的著作，比欧洲人的同类著作早一百多年。徐宏祖对云南腾冲附近火山爆发以及温泉、硫磺矿等的记载是珍贵的资料，他还对许多地区的地形、水文、气候和植物等作了有价值的记述（原书已散佚，今本为后人编次而成）。自公元 1639 年开始，明末清初顾炎武（公元 1613 ~ 1682 年）编著《肇域志》和《天下郡国利病书》（均未完成），这是我国古代地理和经济地理的重要著作，记述了我国各地沿革、山川、地理形势、水利、物产等许多资料，很有参考价值。公元 1695 年，清初刘献庭的《广阳杂记》卷 3 中记载了南北不同地域的气候差异。他主张地理学的研究应打破旧传统，要"详于今而略于古"，并且进一步探寻"天地之故"（自然规律）。公元 1708 ~ 1718 年，清初在全国进行了空前规模的大地测量，测定了 630 个经纬点，绘制了著名的《皇舆全览图》。在测量中已发现纬度越高的地点子午线每一度的距离越长的事实，在实际上第一次用测量方法证明了地球为扁椭球形，对解决当时世界上关于地球形状的争论产生重大影响。《皇舆全览图》第一次记载了世界最高峰珠穆朗玛峰。公元 1755 年，清代汪铎辰（生卒年代不详）著的《银川小志》中记载了地震发生前井水浑浊、群犬吠等前兆，表明我国古代劳动人民在长期与地震灾害斗争中已了解到许多地震前兆现象。清代四川地区采盐工人在长期的生产实践中建立起最早的地下地质学，初步地掌握了地下岩层的分布规律，并找到了绿豆岩和黄姜岩两个标准层，它们至今仍为该地区勘探油、水的标准层。

医 学

公元 1406 年，明代朱橚等编成的《普济方》载方 61739 个，是我国现存最大的一部医方书。公元 1567 ~ 1572 年间，明代劳动人民已应用接种人痘的方法预防天花。种痘预防天花是人工免疫法的开端，是医学史上的重大成就。17 世纪我国种痘技术已相当完善，并已推广到全国。我国种痘法于 17 世纪传入欧洲。公元 1596 年，明代李时珍（公元 1518 ~ 1593 年）的《本草纲目》出版。李时珍深入民间广泛调查研究，向劳动人民学习，并亲身实践，采药尝药，进行药理实验和临床观察，经过数十年的努力，收集了大量药物和药方，批判地继承了 16 世纪以前我国医药学上的成果。《本草纲目》共五十二卷，190 多万字，载有药物 1892 种，附图 1125 幅，载方 11096 个，内容十分丰富，是我国古代医药学的经典著作，也是世界科技史上的重要典籍，被译成多种文字广泛流传，在世界上有很大影响。李时珍在《本草纲目》中发挥了"人定胜天"的思想，他说人可以"窥天地之奥秘而达造化之权"。李时珍还在我国最早指出人脑是全身的主宰："脑为元神之府"。公元 1601 年，明代杨继洲（生卒年代不详）著的《针灸大成》汇集了历代针灸学的成就以及他自己丰富的实践经验，是针灸学的重要著作。我国蒙古族人民在医学上有独特的贡献。公元 17 世纪初蒙医卓尔济（生卒年代不详）是著名的战伤外科医生，他在急救战伤休克方面很有成就。公元 1617 年，明代陈实功（公元 1555 年~？）著《外科正宗》，收集了大量有效方剂。他注重实践，勇于革新，创造性地进行了截趾、气管缝合等外科手术，对我国外科学作出了贡献。书中对一些肿瘤也作了论述。公元 1642 年，明末吴有性（吴又可，约公元 1561 ~ 1661 年间）著成《温疫论》，创立温病（传染病）学说。他在细菌学出现之前坚持唯物主义的病因论，对温病学的发展作出了很大贡献。公元 1746 年清代叶桂（叶天士，公元 1667 ~ 1746 年）著的《温热论》，公元 1789 年清代吴塘（吴鞠通，公元 1736 ~ 1820 年）著《温病条辨》，对温病的发病原理和辨证（症）施治加以补充和阐发，使温病学说更趋完整和系统。温病学说的形成，在我国医学的发展史上有着深远的影响。现代临床证明，温病学说对治疗一些传染病如乙型脑炎等很有实用价值。

公元 1759 年，清代赵学敏（？ ~ 公元 1803 年）与民间"铃医"（走方郎中）赵柏云（生卒年代不详）合作写成《串雅》。这是医学史上一部罕见的适合广大群众需要的很有实用价值的著作。赵学敏非常重视铃医，认为铃医接近群众，能解决群众的问题，"谁谓小道不有可观者欤！"他强调用药应贯彻"贱""验""便"的原则。公元 1765 年，赵学敏还著有《本草纲目拾遗》，对李时珍的《本草纲目》作了补充和订正。公元 1830 年，清代王清任（公元 1768 ~ 1831 年）写成《医林改错》。他强调解剖学知识对医学的重要性，坚持革新，冲破封建礼教的束缚，到坟地和刑场观察尸体内脏，绘成二十四幅人体解剖图《亲见改正脏腑图》，收载于《医林改错》中，对过去的人体解剖知识的一些不确切之处作了校正，为我国解剖学的发展作出了贡献。

物　理

公元 1584 年，明代朱载堉（公元 1536 ~ 1614 年）的《律吕精义》出版。这是世界乐律史上的重要著作。朱载堉经过精密计算和科学实验，创造了"新法密律"，用等比级数平均划分音律，即近代乐器上通用的"十二等程律"。1636 年，法国人默森（Marie Mersenne）才提出十二等程律。公元 1637 年，明末宋应星（约公元 1578 年 ~ ？）在《论气·气声》中对声音的产生和传播作出了合乎科学的解释，他认为声音是由于物体振动或急速运动冲击空气而产生的，声音是通过空气来传播的，同水波相类似。宋应星在《论气·形气化》中论述了朴素的物质不灭思想，他认为一粒种子长成一棵树以至树被烧成灰烬，即是物质从"气"化成"形"而又从"形"化为"气"的过程，并不是无中生有和有归于无。明末清初，王夫之进一步发展了唯物主义的"气"的学说，更加明确地论述了物质不灭的思想。他认为像柴燃烧后，水蒸发后，都转化成为其他物质形态，物质本身并没有消灭。他还提出万物"方动即静，方静旋动，静即含动，动不舍静"（《思问录·外篇》）的观点，即是说因为构成万物的"气"永远处于运动之中，所以万物的静止状态只是相对的，静止只是运动的一种形态。公元 1652 年左右，明末清初的方以智（公元 1611 ~ 1671 年）在《物理小识》卷二中说："宙（时间）轮于宇（空间），则宇中有宙，宙中有宇。"也就是提出了时间和空间不能彼此独立存在的时空观。方以智在《物理小识》卷一中正确地解释了蒙气差（即大气折射）现象。清初民间光学仪器制造家孙云球（约公元 1628 ~ 1662 年）曾制造过放大镜、显微镜等几十种光学仪器，并著有《镜史》（已佚）。清代黄履庄也曾制造过探照灯（"瑞光镜"）（清·戴榕：《黄履庄小传》，载张潮编：《虞初新志》卷六）。公元 1779 年，俄国人才制成探照灯。公元 1695 年，清初刘献庭的《广阳杂记》卷一中写道："磁石吸铁，隔碍潜通，……唯铁可以隔之耳。"这是我国关于磁屏蔽的最早记载。约公元 1835 年，清代郑复光（生卒年代不详）著《镜镜詅痴》。这是我国古代一部较为系统的光学著作，对物体的颜色、透镜原理以及三棱镜、望远镜等光学仪器的制造有所论述。公元 1796 ~ 1820 年间，清代女科学家黄履（生卒年代不详）曾制造"寒暑表"和"千里镜"。"千里镜于方匣上布镜四，就日中照之，能摄数里之外之影，平列其上，历历如绘。"即一种望远镜与取景器相结合的装置，也就是现代照相机的前身。

其他科技

明初，詹希元（生卒年代不详）创制"五轮砂漏"，其中有复杂的齿轮系和时刻盘、指针等，它的结构已和近代的时钟相似。

明代我国的造纸工艺已相当完善。宋应星在《天工开物·杀青》中系统地总结了当时的造纸技术，其中以石灰浆处理竹穰和柴灰处理纸浆等工艺的基本原理至今仍然沿用。

明代郑和下西洋时建造了大型远洋船只"宝船"，船长达 150.5 米，可容一千人，是当时世界上最大的船舶。南京玄武湖明代的龙江船厂遗址出土了可能是当时的宝船所用的舵杆，舵杆长达 11.7 米。

我国活字印刷术在明代有进一步的发展。明代中叶，江苏无锡华燧、华坚等做铜活字印刷书籍。现存最早的铜活字版书籍出版于公元 1490 年。明代的报纸《邸报》于公元 1638 年由抄写改为活字印刷。明代还有人用铅、锡等作过活字。宋代我国海上帆船已能利用侧风航行。公元 1124 年徐兢所著的《宣和奉使高丽图经》卷二十四即载有："风有八面, 唯当头不可行。"明代我国海员更能利用帆和舵的配合在逆风中沿"之"字形航路前进，这在当时是只有我国才掌握的先进的航海技术。公元 1562 年胡宗宪等著的《筹海图编》卷十三中载有："沙船（一种平底帆船）能调戗（逆行，调戗即轮流换向）使斗风"。

火药兵器

明代火药兵器有大发展。公元 1562 年，胡宗宪等编著的《筹海图编》卷十三中载有地雷、子母炮和以火药喷气推进的火箭等。公元 1621 年成书的茅元仪（生卒年代不详）的《武备志》中载有许多火药兵器，如手榴弹、水雷和各种火铳，还有以火药喷气推进并载送火药至敌方爆炸的火箭、往复火箭和两级火箭等，这些都是现代火箭武器的前身。

油　漆

我国的油漆工艺有悠久的历史和很高的水平。公元 16 世纪中叶，明代著名漆工黄成（黄大成，生卒年代不详）所著的《髹（油漆）饰录》是现存最早的油漆工艺专著，它总结了我国古代油漆工艺技术的丰富经验，对原料、工具和作法等作了详细的论述，很有参考价值。

深井钻凿

约公元 16 世纪末或 17 世纪初，明代的深井钻凿技术和设备已有相当高的水平。据明末曹学佺《蜀中广记》卷六十六引马骥著的《盐井图说》（成书于公元 1620 年以前）记载，当时钻凿深井的工作原理和设备的主要构造与近代的顿钻法已十分近似，卡钻事故的处理技术和器具与近代处理同类问题的器具的结构和工作原理也都一致。公元 1840 年左右，我国筒井钻凿的深度已超过一千米，四川地区天然气的开发和利用已有相当大的规模。

机械工程

公元 1626 年，明代王徵（公元 1571～1644 年）编成《新制诸器图说》，这是我国第一部较有条理的机械工程专著。王徵还译述了介绍欧洲器械的《远西奇器图说》。元末我国已有朱、墨二色套印的出版物，明代饾版印刷术（即木板水印）已有很高的水平。现存的著名饾版印刷品有胡正言刊行的《十竹斋画谱》（公元 1627 年）和《十竹斋笺谱》（公元 1644 年）等，印刷都十分精美。公元 1637 年，明末宋应星的《天工开物》出版，它的内容共分十八门，记载了谷物栽培和加工、种麻、养蚕、纺织、染色、制盐、制糖、制瓷、金属和合金冶铸、舟车、煅烧矿石、榨油、造纸、火药、兵器、颜料、造酒以及采集珠玉等我国古代农业技术和手工业技术的大量资料，并有大量插图，是我国古代一部相当完整的农业和手工业生产技术的百科全书，在世界技术史上有重要的地位。清初兵士出身的戴梓（生卒年代不详）发明的"连珠铳"，一次可以连续发射二十八发，与近代机关枪相似。

古代四大发明及其历史意义

中国古代的四大发明——指南针、造纸术、印刷术与火药是中华民族的伟大创举，并对人类历史的发展产生了重要影响。

北宋时，曾公亮（999～1078年）1044年主编的《武经总要》记藏了"制南鱼"的制作方法，首先把薄铁片剪成鱼形，然后加热到红炽，再按一定的方向和倾角冷却，让地磁场使之磁化。这样做成之后把它漂浮在水面上，就能指出南北方向。稍后的北宋人沈括（1031～1095年）在《梦溪笔谈》中说明了用铁针与磁石摩擦，使铁针磁化，然后做成指南针的方法。指南针发明之后不久，就被制成各式"罗盘"用在航海上，12世纪传入阿拉伯，后又传入欧洲，并大大推动了欧洲航海业的发展，导致了一系列新大陆的发现，从而促进了商业贸易的扩大和工业的发展。

早在植物纤维造纸之前，我国古代人民用龟甲、兽骨作文字记载材料，这种刻在龟甲、兽骨上的文字称为甲骨文。春秋战国时期，又把文字刻在木片或竹片上，叫竹简、木简，后来又写在纤帛上。这些书写材料或使用不便，或价格昂贵，为了适应社会发展的需要，人们又发明了植物纤维纸。我国公元前2世纪～前1世纪开始用大麻和苎麻纤维制纸，这由1922年新疆出土的西汉麻纸可以证明。麻纸粗糙，书写不便，东汉宦官蔡伦（？～121）于公元105年改用树皮、破布、废麻为原材料，制成了质地较好的纸张，并被广泛使用。东汉末年，造纸业已成为一种独立的手工业，随后，造纸术在公元8世纪传入阿拉伯，后又传入欧洲，有力地推动了科学文化事业的发展。在18世纪机器造纸出现以前的长时期内，世界各国造纸大多采用我国汉代发明的技术和设备。

印刷术大体上经历了雕版印刷和活字印刷两个阶段。雕版印刷在汉唐时就已很普及了，现存的雕版印刷古籍仍有宋代以前的，印刷之精妙，令人惊叹。活字印刷是北宋人毕昇发明的，毕昇在1041～1048年发明了用胶泥制成活字，经烧制以后排版印刷的方法，其基本原理与近代铅字印刷基本相同。元代时王祯又研制成功了木活字，并同时发明了转轮排字架，从此活字印刷就在中国普及了。印刷术传入欧洲以后，改变了僧侣垄断文化的状况，为欧洲文艺复兴提供了一个重要的物质条件。

火药是古代劳动人民的集体创造。火药最初是由炼丹方士们在炼丹过程中发现和积累起来的，对碳、硫、硝三种物质性能的认识，为火药的发明准备了条件，特别是硝的引入是制造火药的关键。人们在掌握了硝、硫、炭的配制及其燃烧爆炸的性能后，制成了火药。公元808年，唐代炼丹家清虚子在其所著《铅汞甲辰至宝集成》卷二记有原始火药制造法，唐代的名医孙思邈在他的《孙真人丹经》中也记录了黑火药的配方。大约在公元8世纪的唐代，中国的炼丹术传到阿拉伯地区。中国的炼丹术使用硝石，阿拉伯的炼丹术也使用硝石，不过他们把硝石称做"中国雪"，波斯人把硝石称做"中国盐"。火药传入欧洲后，对资产阶级战胜封建专制制度起了重要作用。

中国的四大发明传入西方，对欧洲的文艺复兴和科学技术的发展起了非常重大的作用。马克思曾把火药、指南针、印刷术看作"是预告资产阶级社会到来的三大发明"。遗憾的是，四大发明在中国却没有起到它们应有的作用。

第三章

古希腊、古罗马的科学技术

　　希腊位于欧洲南部的希腊半岛和附近的一些岛屿，其地理位置使它容易接近古代河流文明，渡海向南经过克里特岛可以到达埃及，向东从小亚细亚半岛可以到达巴比伦等国。古希腊从公元前8世纪~前6世纪相继建立起一系列奴隶制城邦，随后奴隶制在古希腊有了长足的发展。古希腊人在吸收了古埃及、古巴比伦的科学技术的基础上创造了古代辉煌的文明，成为当时欧洲的文化中心，也是近代科学技术的主要发源地。从公元前334年开始，希腊北部的马其顿人击败雅典以后，在亚历山大（公元前356~前323年）大帝统率下侵入小亚细亚，征服了巴比伦，并进占埃及，在埃及建立了亚历山大城。公元前323年亚历山大死去，亚历山大帝国分裂为两个部分，直到公元前30年被罗马帝国占领。这300年是古希腊的后期，史称希腊化时期，这时期希腊科学中心从雅典转向埃及的亚历山大城，自然科学开始从自然哲学中分化出来，形成了独立的学科。公元前510年，古罗马建立起奴隶制国家，随后日渐强大，公元前300年一跃成为地中海沿岸的强国，公元前100年又成为横跨欧、亚、非三大洲的大帝国。公元395年帝国分裂为东西两部分，公元476年西罗马帝国灭亡，欧洲进入了中世纪，古希腊罗马时代形成了奴隶社会科学技术发展的高峰。古希腊罗马的科学技术和古代中国的科学技术相比，各有千秋，它们都为人类文明的发展做出了巨大的贡献。

第一节　古希腊的科学技术

一、古希腊的自然哲学

古希腊人把自然界作为一个整体来研究，那时自然科学都包括在哲学里，称为自然哲学，这既是希腊人对自然界的哲学思考，又是早期自然科学的一种特殊形态。这时的哲学家同时也是自然科学家。小亚细亚西岸中部的爱奥尼亚地区是古希腊自然哲学的发源地，在这里，形成了与希腊自然哲学的不同流派：米利都学派、毕达哥拉斯学派和德谟克利特学派。

米利都学派的主要代表人物是泰勒斯、阿那克西曼德、阿那克西米尼和赫拉克利特。米利都学派的共同特点是他们把世界的本原归结为某些具体的物质形态，认为宇宙万物是由某种基本的东西演化而来的。例如，古希腊的第一个科学家和哲学家泰勒斯（约公元前 624 ~ 前 546 年）认为世界的本原是水，万物起源于水并复归于水，地球是漂浮在水中的圆盘，天空是由稀薄的水汽形成的盖子。阿那克西曼德（约公元前 610 ~ 前 546 年）认为，万物的本原不具有固定性的东西，而是"无限者"，就是没有固定的限界、形式和性质的物质。"无限者"在运动中分裂出冷和热、干和湿等对立面，就产生了万物。阿那克西米尼（约公元前 585 ~ 前 526 年）认为，空气是万物的始基，空气稀薄时变成火，空气浓厚时变成风，再浓厚时又变成云、水、土、石头。赫拉克利特（约公元前 540 ~ 前 480 年）则主张火是一切自然现象的物质始源。在他看来，火产生一切，一切都由火的转化而形成，并且复归于火。他还认为，一切皆流，万物常新。

毕达哥拉斯学派的主要代表人物是毕达哥拉斯和菲罗劳斯。毕达哥拉斯（约公元前 580 ~ 前 500 年）认为数才是万物的本原并企图用数学关系来解释自然现象。他们认为数学的本原就是万物的本原，万物的本原是一，从一产生二，产生各种数目；从数产生点、线、面、体；产生水、火、土、气四种元素，它们的相互转化创造出有生命的、精神的、球形的世界。所以数不仅是万物的本原，而且是万物存在的性质和状态的描述。在数学上，毕达哥拉斯证明了勾股定理，为此还举行了一次盛大的"百牛宴"

以示庆祝；提出了区分奇数、偶数和质数的方法。毕达哥拉斯学派断言，地球、天体和整个宇宙是一个圆球，天体运动是和谐的，一切天体都做均匀的圆周运动，因为球形和正圆形是最完善、最理想的几何体。

德谟克利特学派，也称原子论学派，其代表人物是留基伯和德谟克利特。古代原子论的创立者留基伯（约公元前 500～前 440 年）第一个提出了关于原子和虚空学说，他把原子理解为不可分割的物质粒子。留基伯的继承者是他的学生德谟克利特（约公元前 460～前 370 年），一位博才多学的百科全书式的人物。他认为，宇宙中万事万物都是"原子和虚空"组成的，原子是组成世界的基本元素，但原子必须在虚空中活动，虚空或空间是不存在什么东西的，它是原子活动的场所。原子是永恒的运动的，不生不灭的，原子在运动中结合，万物就产生；原子在运动中分离，万物就毁灭。正是由于原子的结合方式不同，数量的多少不同，在虚空中的排列的位置和方式不同，因而组成世界是多样的。无限的宇宙中包含着无限的原子和无限的虚空，有了无限的原子和虚空，就可以组成无限多的世界。伊壁鸠鲁（公元前 341～前 270 年）继承和发展了原子论，他认为世界就是原子和虚空，原子是"不可分的坚实固体"，"原子和虚空是永恒的"等。德谟克利特只说了原子有形状、大小的区别，伊壁鸠鲁则认为原子还有重量的不同，所以恩格斯曾说："伊壁鸠鲁已经按照自己的方式知道原子量和原子体积了。"原子论是古希腊自然哲学中最重要、最高成果之一，虽然它还只是建立在直观经验的基础上的哲理思辨和天才猜测的结果，但它在思想上和方法上对后人产生了重大影响。

古希腊的自然哲学对人类文明的影响深刻而广泛。恩格斯曾说："在希腊哲学的多种多样的形式下，差不多可以找到以后各种观点的胚胎、萌芽。因此，如果理论自然科学想要追溯自己今天的一般原理发生和发展的历史，它也不得不回到希腊人那里去。"

二、古希腊的天文学

在了解和学习古埃及、古巴比伦人天文学知识的基础上，古希腊人在天文学方面表现出独特的创见。他们是以更清醒的态度来看待迷人的宇宙，并以更大的理论热情来探索天体运动规律。据说泰勒斯能够预占日食，还发现了北极星，腓尼基人就是根据他的发现在海上航行的。阿那克萨哥拉（约公元前 500 ~ 前 428 年）设想月亮上有山，月光是日光的反射，用月影盖着地球的设想解释日食，用地影盖着月亮的设想来解释月食。毕达哥拉斯学派则设想地球、天体和整个宇宙都是球形，而天体的运动也都是均匀的圆周运动，因为圆是最完善的几何图形。这个思想一直主宰着天文学，甚至还对后来的哥白尼（1473 ~ 1543 年）产生了重要影响。柏拉图（公元前 427 ~ 前 347 年）创办的学校里的学生欧多克索（公元前 409 ~ 前 356 年）根据对天体的观察，建立了一个同心球宇宙几何模型，他是第一个把几何学与天文学结合起来的人。他的宇宙模型是以地球为中心，日月和五大行星及恒星分别附在同心球壳层上围绕地球均匀旋转。行星的运动由四个大小不等的同心球的复合运动所致，而整个宇宙中的同心球共有 27 个。

希腊化时期亚历山大城有一个著名的天文学家阿利斯塔克（约公元前 315 ~ 前 230 年）在两千多年前就提出过日心说。他认为太阳和恒星是不动的，地球和行星以太阳为中心，沿圆周轨道运动。地球每天绕自己的轴自转一周，每年沿圆周轨道绕日一周。他在《论日月大小和距离》一文中，应用几何学方法，首次测量和计算了太阳、月亮、地球的直径比例和相对距离，已经认识到太阳比地球大得多。他的太阳中心说走在了时代的前面，在当时有一定的影响，但并没有得到一般人的广泛认同。

希腊化时期亚历山大城图书馆馆长埃拉托色尼（约公元前 275 ~ 前 194 年）坚持地球是个球形的看法，对地球的形状和大小做了定量的描述。他从太阳对同一子午线上两个地点的阴影长度不同，先算出这两个地点的距离和纬度，再算出地球圆周长是 38700 公里，地球和太阳的距离是 14800 万公里。这两个数字与现代科学计算的 40000 公里和 14970 万公里是惊人的接近。他还从大西洋和印度洋潮汐相同的现象出发，推测出两洋是相通的，启发了后人绕过非洲去远航。

希腊化时期天文学家希帕克（约公元前 190 ~ 约前 120 年）收集并且仔细研究了巴比伦和希腊的天文观测记录，自制和发明了一些天文仪器，发明了平面三角和球面三角，改进了阿利斯塔克关于太阳、地球、月亮相对大小和距离的计算。他算出月亮直径是地球的三分之一，月亮和地球的距离是地球直径的 33 倍，这和现代计算的数值只相差 10% 左右。他发展了地心说，建立了描述和计算星体运动的办法。他提出每个星体有自己的圆周轨道运动，就是本轮运动；各个本轮的中心又以地球为中心进行圆周运动，就是均轮运动。这样就可以解释太阳、月亮和行星对地球的运动关系。根据观测计算，可以确定本轮和均轮的位置和大小，制定出数字表；根据这些数字表就可以预测太阳、月亮和行星的位置，预测日食和月食。

三、古希腊的物理学和数学

亚里士多德（公元前 384 ~ 前 322 年）是古希腊伟大的思想家、百科全书式的学者，是古代科学思想的重要代表。其父是马其顿国王的御医，他本人当过亚历山大大帝的教师。亚里士多德师出于柏拉图，在雅典的柏拉图学院学习了 20 年，直到柏拉图死后才离开。后来亚里士多德在雅典创立了自己的学院和学派。他生活的时代是由古希腊前期向后期的转变时期，与此相应的是自然哲学开始向经验自然科学转变，亚里士多德显示了希腊科学的一个重要转折点，在他之前，科学家和哲学家都力图用一个完整的世界体系从总体上来解释自然现象，他是最后一个提出完整世界体系的人。在他之后，许多科学家开始放弃提出完整体系的企图，转而研究具体问题，他又是最先从事经验考察来研究具体问题的人。亚里士多德的研究兴趣广泛，知识渊博，著作很多。他是形式逻辑的创始人，是第一个专门而又系统地研究思维和它的规律的人。他的逻辑学著作后来被人汇编成书，取名《工具论》，这是因为他们继承了亚里士多德的看法，认为逻辑学既不是理论知识，又不是实际知识，只是知识的工具。《工具论》主要论述了演绎法，为形式逻辑奠定了基础，对这门科学的发展产生了重大影响。亚里士多德是第一个全面认真研究物理现象的人，他写了世界上最早的物理学专著《物理学》，他反对原子论，不承认有虚空的存在。他认为物体只有在外力推动下才运动，外力停止，运动也就停止。

阿基米德（公元前 287 ~ 前 212 年）是"古代世界第一位也是最伟大的近代型物理学家"，是科学史上最早把观察、实验同数学方法相结合的杰出代表。他的力学著作有《论浮力》《论平板的平衡》《论杠杆》《论重心》等。他发现的杠杆原理和浮力定律是古代力学中最伟大的定律，也是今天机械设计和船舶设计计算时最基本定律之一。阿基米德解决"王冠之谜"的故事,至今还脍炙人口。阿基米德不但是一个科学家,而且是一个发明家:他把数学知识和力学知识应用到技术中去,做了一个紧贴圆筒壁旋转的螺旋推进器,螺旋一转,水就抽上来了。这个发明被用于农田灌溉和船舱排水,还是后来轮船螺旋桨的起源。他制作过一具行星仪,能够把天体运动表现得很逼真,甚至连日月食也能够形象地表现出来。他发明的抛石机,把罗马军队阻止在叙拉古城外达 3 年之久。公元前 212 年,城被攻破,正在专心研究的阿基米德被罗马士兵所杀。

阿基米德与雅典时期的科学家有显著不同,他非常重视实验,亲自动手制作各种仪器和机械;他不是力图提出一个完整的宇宙模型,而是着重在解决某些具有实际价值的问题;他首先把科学和生产、战争结合起来,所有这些都对后来文艺复兴时期的达·芬奇和伽利略等人产生了重要影响。

泰勒斯根据埃及土地丈量术创立了几何学。几何学最初含义是测地术,古埃及人在测量土地和建造金字塔的长期实践中,形成了一些不证自明的经验定律。古希腊人把这些经验定律称为公理或公设。古希腊最早的几何学家泰勒斯已知下列各个定理:等腰三角形两个角对应相等;若三角形的两个角和它所夹的边对应相等,则它们全等;两直线相交,对顶角相等;若三角形两个角对应相等,则它的对应边成比例;圆被任一直径所平分;半圆内的圆周角是直角等。毕达哥拉斯和他的弟子对数学和几何学的发展做出了巨大的贡献,并给数学的研究注入了新的思想方法,即要求对任何几何定律和结论都必须有演绎的证明。毕达哥拉斯还发现了音乐中的谐和律,并从建筑物、雕像的各部分的正确比例关系的研究中得出"黄金分割"的理论。

古希腊几何学的集大成者、伟大的数学家欧几里得(公元前330~前275年),系统地总结了自泰勒斯以来的几何学成果,写出了十三卷巨著《几何原本》,他从 10 个公理出发,按严格的逻辑证明推出467 个命题。欧几里得的工作把几何学组成为一个严密的科学体系,不仅为几何学的研究和教学提供了蓝本,而且对整个自然科学的发展产生了深远的影响,牛顿的《自然哲学的数学原理》就是仿效欧几里得《几何原本》体裁和推理方法写成的。正如爱因斯坦所说:"西方科学的发展是以两个伟大的成就为基础,那就是:希腊哲学家发明形式逻辑体系(在欧几里得几何学中），以及通过系统的实验发现有可能找到因果关系（在文艺复兴时期）。”希腊化时期，在应用数学方面阿基米德做出了独特的贡献，他正确地得出了球体、圆柱体的体积和表面积的计算公式，提出抛物线所围成的面积和弓形面积的计算方法，最著名的还是求阿基米德螺线所围面积的求法。阿基米德还证明了圆面积等于以周长为底、半径为高的正三角形的面积，他还用圆锥曲线的方法解出了一元三次方程。

古希腊的著名数学家阿波罗尼（公元前 247～前 205）对圆锥曲线进行了系统研究，著有《圆锥曲线论》，把几何学大大推进了一步。他第一个根据同一圆锥的不同截面，分别研究了抛物线、椭圆和双曲线。在《圆锥曲线论》中，他对这三种曲线的一般性质及共轭径、渐近线、焦点等作了详细论述；还根据三种圆锥曲线的不同性质，用“齐曲线”“弓曲线”“超曲线”分别给抛物线、椭圆和双曲线进行了命名；他还是第一个发现双曲线有两支的人，阿波罗尼的理论给后来的开普勒（公元 1571～1630 年）和牛顿（公元 1643～1727 年）在天文学上的研究提供了很大帮助，该理论所达到的水平一直到 17 世纪才被超过。美国应用数学家克莱因在他的《古今数学思想》一书中对阿波罗尼的贡献作了高度评价。他说：“按成绩来说，它是这样一个巍然屹立的丰碑，以致后代学者至少从几何上几乎不能再对这个问题有新的发言权。这确实可以看成是古希腊几何的登峰造极之作。”

总之，古希腊人在几何学上取得的成就很大，但在代数计算上却比较落后。而在东方国家，如中国、阿拉伯和印度，代数都有高度的发展。

四、古希腊的生物学和医学

亚里士多德是古代生物学的开拓者，他所采用的解剖和观察方法，在生物学史上是首创的。他的著作记载了 540 种动物，他亲手解剖了 50 种动物并绘有解剖图；他研究过小鸡的胚胎发育过程，提出鲸鱼是胎生的；他还对动物进行了科学分类，其中级进分类是按形态、胚胎和解剖方面的差异来划分的，这是一个从低级到高级的排列，说明亚里士多德已经注意到了各种动物间的连续性。他还提出生物体是由水、气、火、土四种元素组成的复杂的有机体，生命的本质是生命力等观点。

希波克拉底（约公元前 460～前 377 年）是古希腊最有名的医生，

被西方称为"医学之父"。他不仅具有极其丰富的临床经验,而且提出了"体液说"医学理论。他认为,人体内有红色血液、白色粘液、黄色胆汁和黑色胆汁,这四种体液之间协调人则健康,失调则产生疾病。他还根据四种体液在人体内的混合比例不同,把人分为四种气质类型,即多血质、粘液质、胆汁质和忧郁质,不同气质的人有不同的性格特征,这种气质类型的划分和名称沿用至今。

赫罗菲拉斯(公元前 4 ~ 前 3 世纪)和埃拉西斯特拉塔(约公元310 ~ 前 250 年)是希腊化时期最负盛名的医生和解剖学家。赫罗菲拉斯通过解剖正确了解了人体的许多器官,他第一个区分了动脉和静脉,并批评了亚里士多德认为心脏是思维器官的错误观点,指出大脑是智慧之府。埃拉西斯特拉塔是把生理学作为独立学科来研究的第一个希腊人,他做了很多解剖工作,对人体动脉和静脉分布和大脑的研究尤其充分,他确认了大脑的思维功能,认为呼吸时呼入的空气经过肺,在心脏内变成活力灵气,随动脉通过全身;一部分在进入大脑后变为灵魂灵气,再通过神经系统遍及全身。

总之,二千多年前,古希腊人所创造的光彩夺目的科学文化为现代文明奠定了基础,正如著名科技史专家丹皮尔所言:"古代世界的各条知识之流都在希腊汇合起来,并且在那里由欧洲的首先摆脱蒙昧状态的种族所产生的惊人的天才加以过滤和澄清,然后再导入更加有成果的新的途径。"

五、古希腊的技术

古希腊的冶金技术发展较快,大约在公元前 4000 年就已开始使用铜器,公元前 1900 年左右开始使用青铜器,米诺王朝时期已开始掌握铸造技术。公元前 16 世纪左右有了铁器,到公元前 9 世纪,冶铁业已经成为一个重要的手工业部门。希腊人居住和活动的地区铜矿不够丰富,但银矿和铁矿是丰富的。山地和丘陵的耕作、手工制造业和兵器制造等需要作为工具和材料,这使他们迅速地采用了铁器。

除冶金技术外,古希腊还有制陶、制革、家具、榨油、酿酒、食品等手工业。工匠们的分工也很细,有铁匠、石匠、金匠、青铜匠、纺织工、制鞋工等。有些手工技术精湛、高超,如制陶业。不仅陶器品种繁多,制作精美，而且常饰以彩绘，画面生动；制作金银饰物技艺精湛，纯度很高，银币的含银量达 98%。另外，古希腊还有一些技术发明，如克达希布斯曾制出柱塞式手压水泵、水风琴、水钟等；希腊人还促进了向高地提水这种繁重劳动的机械化，他们制成一些精致的机械，如水库轮、提水轮及阿基米德螺旋提水器等。

古希腊的造船业相当发达，这得益于它三面环海，水上交通便利，贸易往来兴旺，这些得天独厚的条件使古希腊的造船业发展迅速。公元前 5 世纪，就能制造 250 吨的商用大帆船和桨帆并用的战舰，有的战舰设有 2～3 层桨座，可容较多划手，由这种战舰组成的古希腊舰队一度在地中海称雄。

古希腊人的建筑遗产十分丰富。约公元前 1900 年后开始修建的克里特岛上的米诺斯王宫，总面积 16000 平方米，它是古希腊世界最早的大型建筑，主要以木材和泥砖为材料，同两河流域和小亚半岛的风格接近。后来古希腊人更多地学习古埃及人，以石材建筑，风格发生了变化，他们最善于运用的柱廊建筑有浑厚、单纯、刚健的多里安式，轻快、柔和、精致的爱奥尼亚式和纤巧、华丽的科林斯式，现存最著名的建筑物是石砌的雅典卫城，它是雅典城邦国家全盛时代建筑技术的代表作。屹立于卫城最高处的帕特农神庙庄严雄伟，古风犹存，它由白色大理石砌成，阶座上层面积为 30.89 米 x65 米，四周矗立 46 根 10.4 米高的大圆柱，雄伟壮观，雕刻精致，是古希腊全盛时期的代表作。托勒密王朝首都亚历山大城为长 5 公里、宽 1.6 公里的长方形城，中间有一条宽 90 米的中央大道，它的港口处设有高 120 米、装有金属反射镜的巨大灯塔，60 公里外的船只清晰可见反射镜的反射光。

第二节　古罗马的科学技术

一、古罗马的科学

1. 古罗马的自然哲学

古罗马时期大约从公元前 2 世纪中叶到公元 5 世纪。卢克莱修（公元前 99～前 55 年）是古罗马时代最伟大的思想家和诗人，也是古希腊原子论的继承者和发扬者，他的主要著作是《物性论》。他认为世界是无限的，是由原子组成的，同时它又是不断变化和发展的。地球是世界变化发展的产物，它还会变，最后必将灭亡。他还用原子论的观点去说明雷电、雨露、风雹、霜雪、地震和火山等现象。他从原子和空间的联系中探索了空间的本性，认为空间是不能离开物的，这如同虚空不能离开原子一样，反之，物也不能离开空间。由于原子是运动的，所以物也是运动的。原子不能无中生有，也不能被消灭，物也不能无中生有，物的运动也不会被消灭。这里，卢克莱修似乎朦胧地猜测到物质和运动的守恒性。

卢克莱修对人类和人类文明的起源有过认真的研究。他认为人是地球发展的产物，在遥远的古代地球上最早出现的是植物，随后出现的才是动物，动物中最早的是卵生动物，再往后才出现胎生动物，这样从鸟类进化出兽类。地球最早的资源是丰富的，是以供给鸟兽食用，但是，随着地球年龄的增长，它的负担能力越来越小，难以提供足够的食物，这样一来，有许多能力差的物种就得不到食物，或者某些物种逐步丧失了保护自己的能力，这些物种就灭绝了。在这里，卢克莱修是用自己的方式叙述"适者生存，不适者被淘汰"的自然选择。他还指出，人也像其他动物一样，是随着自然的发展而产生的，最早只不过是一个自然采食者，只能简单地向大自然索取生活必需的东西。随着历史的前进，人们学会了用火，从此以后人类文明的历史才真正开始了。在他看来，人类的发展是一个自然历史过程，但是他看不到技术和生产发展的意义，认为人类文明会不可避免地衰落下去。

总之，古罗马的自然哲学成就远远不能和古希腊相比，古希腊的自然哲学到了古罗马时的卢克莱修就终结了，再也没有什么闪光的思想可言了。这大概和古罗马人注重实用技术，轻视理论思维有关。

2. 古罗马的天文学

托勒密（公元 90 ~ 168 年）是古罗马时代的科学巨人，著有《天文学大成》。被誉为古代天文学的百科全书，他的主要功绩在于：把古代的地心思想发展为系统的地心思想。并用模型方法成功地解释了他的宇宙理论。托勒密很重视天文观测，他认为天文学理论应当同天文观测相符。为了更好地与天文观测事实相符合，他决心对希帕克的地心体系进行修正，他在希帕克的体系上加上许多圆形轨道，构成了一个有80个圆形轨道组成的复杂体系。这样一来，虽然使体系更加复杂了，但却能较好地说明当时观测到的天体运动，也能比较准确地预测天体的运动。托勒密集以往地心体系之大成，使之更加系统化，从而建立了一个完整的地心体系。在这个体系中，地球是宇宙的中心，太阳、月亮、水星、金星、木星和土星都在各自的轨道上绕地球旋转，自下而上，由近及远，形成了所谓的月亮天、水星天、金星天、太阳天、火星天、木星天和土星天，再远处是恒星天，在恒星天之外就是最高天，最高天也叫原动天，是诸神居住的地方。所有的天层都是在原动天的推动下，绕地球运动。

托勒密的地心说能对当时观测所及的天体运动，特别是行星运动做出十分精确的说明，能准确地预测行星的方位，因而在长达一千多年的时间里被人们在航海、生产和生活实践中所采用，并成为天文历法的依据。直到哥白尼的日心说确立之前，托勒密的地心说在欧洲一直居于统治地位。

托勒密还是一位杰出的地理学家，著有《地理学》八卷。他主张地理学和天文学的统一，用天文方法来测定经纬度和地理位置，以测量所得绘制了各种地理图，列出了八千多个地点的经纬度表，虽然有些地点的经纬度没有经过实测，也没有经过准确计算，但这个古老的经纬度表在地学史上还是有重大意义的。托勒密在光学、数学等领域也做出了许多贡献，他探讨了光学上的入射角和折射角的关系；提出许多球面三角的计算方法。可以说，托勒密的科学成果是古罗马科学的顶峰。

3. 古罗马的医学

作为实用科学的医学，在古罗马还是比较受重视的，这一时期出现了许多有价值的医药学著作。如底奥斯可里底斯（约公元60～97年）著有《论药材》，这本书研究了某些草药的治疗价值，揭到讨500多种植物。赛尔苏斯（公元14～37年）曾写过《论药物》，包括一篇导言，八卷正文。书中对发烧、精神病、肺结核、黄疸病、瘫痪以及一些急性病都作了介绍，还提出了一些古老的治疗方法，这既是一本古代医学史专著，也是一本医学专著。

古罗马时代的著名医生和医学家盖仑（公元129～200年）是当时实用科学的集大成者之一。盖仑在许多地方行医，并成为古罗马皇帝的御医。他的医学著作据说有 131 部，被视为医学和生理学的金科玉律，现存的有 83 部。他把古希腊的解剖知识和医学知识系统化，继承了希波克拉底等人重视观察和实验的传统，对动物主要是猕猴进行过解剖研究，考察了心脏的作用和脊椎的功能，在解剖学、生理学、病理学方面发现了许多新的事实，特别在医疗方法上有很大的贡献。然而，由于历史的局限，在盖仑的医学思想中也有一些谬误。例如，他认为动物和人体的构造是上帝有目的地造就的；认为人体由不同等级的器官、体液和灵气组成：第一级是肝脏、静脉血、自然灵气，第二级是心脏、动脉血、活力灵气，第三级是脑髓、神经液、动物性灵气。级别不同的血液各自流动，但不能产生循环。盖仑在医学中的地位就像托勒密在天文学中的地位一样，在医学界占统治地位达一千多年，直到哈维（公元 1578～1657 年）建立血液循环学说，才把盖仑的错误理论抛弃。

二、古罗马的技术

古罗马人是一个以农业为主的民族，在古罗马帝国建立之前，其农业就已相当发达，牛耕和铁制农具已得到普及，耕种方法上实行了"二圃制"，懂得让田地休耕以恢复地力。西方最早的一部农学著作是罗马监察官加图（公元前 234～前 149 年）写的《论农业》，它总结了当时的农业生产知识和各种农耕技术。后来，瓦罗（公元前 116～前 27 年）在加图的基础上，又重写了一部《论农业》，所含内容更加齐全。

古罗马的手工业种类很多，冶金、制陶、制革、铸造、毛纺、木工都很发达，产品也很精美。帝国建立后，应用东方技术，再加上辽阔的帝国里丰富的矿藏，原来的民族壁垒被打破，交通和贸易更加便利，手工业大大繁荣起来,并且在整个帝国境内持续发展了两个世纪。公元 79 年，被火山灰埋葬的庞贝城有许多呢绒、香料、珠宝、玻璃、铁器、磨面和面包作坊，其中仅面包作坊就有四十多所。罗马、亚历山大等大城市的铜铁制造业、毛纺织、制陶、榨油、酿酒、玻璃和装饰品手工业规模更为可观。

公元 1 世纪，古罗马亚历山大城的著名工程师赫伦曾有许多技术发明。他创造了复杂的滑轮系统、鼓风机、计程器、虹吸管、测准仪等多种机械器具。其中最惊人的发明是蒸汽反冲球，这个发明是第一次把热能转换成机械能的技术设计，已经走到发明蒸汽机的边缘，它所包含的原理实际上已延伸到了近代和现代。

建筑是古罗马人的主要技术成就。公元前1世纪，古罗马著名的建筑师维特鲁维奥写了一本《论建筑》，这部书被称为世界第一部建筑学著作，书中论及的建筑有王宫、教堂、高架引水桥、公共设施（戏院、竞技场、公共浴池等）、民房以及多类军事工具（攻城梯、投石机、破城槌等）等。古罗马的引水道工程堪称世界建筑史上的丰碑，从公元前4世纪起，古罗马人为供应城市用水，逐步修筑了9条总长90公里的水道工程。在帝国时期，水道工程扩展到其他区域，并且还用于灌溉，引水渠通过洼地的时候以石块砌成高架拱槽，在法国和叙利亚境内的引水槽有的高达50～60米。

罗马斗兽场是古罗马最大的建筑。它形状为椭圆形，长径185米，短径156米，四周为看台，外墙高48.5米，可容纳5～8万观众，以石砌筑。公元120～124年，古罗马还建立了一座万神庙，它是一座直径为43.5米的圆形建筑物，其造型奇巧，气势宏伟，这是古罗马人的杰作，至今尚存。

在公路建设方面，古罗马帝国时期四通八达的公路网总长达到8万公里，干线和支线延伸盘绕在以意大利为中心的帝国大地上。这些公路的设计有一定的标准，多数地段以石板铺路，并在沿途立有里程碑，通往河流时则架设石桥，它们的残迹今天依然可见。有一名言叫"条条道路通罗马"——可见，古罗马当时交通发达的状况。

第四章

近代科学的诞生与第一次技术革命

近代的早期，随着资本主义在欧洲的萌芽与成长，新兴资产阶级为维护和发展其经济利益并从政治上逐渐取代封建统治，需要新的思想和精神武器，这导致了文艺复兴运动和宗教改革运动兴起。在 16 ~ 17 世纪摆脱神学统治的斗争中，近代自然科学走上了独立发展的道路。1543 年，哥白尼发表《天体运行论》，宣告科学革命的开始。1687 年，牛顿发表《自然哲学的数学原理》，完成经典力学理论的综合，将这场革命推向高潮，确立了科学在社会中的地位。建立在实验科学基础上的力学是近代自然科学的带头学科，它的兴起及学科体系的完备标志着以提出"日心说"为起点的近代科学革命达到巅峰，经典力学体系对近代科学技术整体的发展及其在生产过程中的应用起了主导作用。科学革命催生了 18 世纪以纺织机和蒸汽机的发明与改良为先导的技术革命，并引发了工业革命，把人类带入工业化社会，以蒸汽机的广泛使用为主要标志的第一次技术革命，使机器大工业代替了工场手工业，把生产力从铁器时代推进到机器时代。

第一节　近代科学技术兴起的历史背景

一、欧洲资本主义的成长与封建生产关系的瓦解

在世界范围内，封建生产关系最先在西欧瓦解，从封建社会内部产生资本主义的萌芽。资本主义生产最早是在意大利发展起来的，在 14 ~ 15 世纪，意大利的手工业技术已有较高的水平，家庭手工业转化

为工场手工业。这时不仅有了经过改良的纺车和织布机，毛织业中已有了梳毛和洗毛、弹毛的分工。意大利的佛罗伦萨城在14世纪就有毛织企业300多个，大约30000毛织工人，他们一无所有而受雇于资本家，在1378年佛罗伦萨的梳毛工人就曾举行过反抗资本家的起义。这时的造船技术也较发达，由于有了用水力驱动的动力锤和开始使用起重机，可以锻造较重的船锚，加上其他加工技术的进步，才能制造坚固的大型帆船，更促进了海外贸易的发展。意大利威尼斯的各造船场每年能制造上千艘船只，并且有了纵横于地中海上的商业船队。

西欧其他国家的资本主义生产方式也在15～16世纪逐渐形成。到16世纪，资本主义的工场手工业已成为城市经济的主要形式。工场手工业主通过资本把分散的劳动者组合起来，为生产同一种产品实行分工协作，"较多的工人在同一时间、同一空间（或者说同一劳动场所），为了生产同种商品，在同一资本家的指挥下工作，这在历史上和逻辑上都是资本主义生产的起点。"

自由的商业竞争使工场主不得不设法改进技术，通过专业分工来提高劳动效率，缩短产品生产周期；分工使操作过程专业化，手工劳动变得简单了，这就有可能发明出新的工具或机器来代替人工劳动，专门化的工具慢慢出现了，刨、凿、钻等工具得到了改进，新式纺车、卧式织机、水泵也出现了，水磨、风车和机械钟得到了改进。冶金、酿酒、玻璃制造、眼镜制造业也兴旺起来了。技术的进步使生产的规模也随之扩大，在德国已有了用马力和水力的抽水机，使深坑采矿成为可能。德国的采矿工人在1525年已达10万人。15世纪后半期，在德、法、意等国出现了高10英尺以上、直径5英尺的大型熔铁高炉和鼓风炉炼铁法。英国则以纺织业著称于欧洲，在1546年已有了雇佣2000多工人的纺织工场。这时，一部分知识分子对技术问题的兴趣增加了，据说达·芬奇（1452～1519年）曾三番五次地去佛罗伦萨的纺织厂观察纺织机，到米兰的铁工厂、大炮铸造厂观察炼铜炉和风箱，到教堂观察钟。他研究之后改进过纺织机和织布机，还研究了螺丝、齿轮、联轴节、轴承、杠杆、斜面等简单机械的原理。总之，流体力学、摩擦理论、机械传动、炮弹运动、化学工艺等都开始成为人们研究的问题。

在提到技术进步的同时，不能不提到中国古代四大发明在 11 ～ 15 世纪经阿拉伯人传到欧洲，对西欧社会进步的巨大推动作用。马克思曾指出："火药、指南针、印刷术这是预告资产阶级社会到来的三大发明。火药把骑士阶层炸得粉碎、指南针打开了世界市场并建立了殖民地、而印刷术变成了新教的工具，总的来说变成了科学复兴的手段，变成了对精神发展创造必要前提的最强大的杠杆。"

二、航海探险和地理大发现

在十字军东征以后，中国、印度等东方国家的蚕丝、珠宝、染料等不断运往欧洲，使西欧统治者惊羡不已，把东方看成是财富的源泉。在西欧进入资本主义以后，随着工场手工业的发展与生产技术的提高，新生资产阶级渴望扩大贸易与寻求财富。商人以及没落的封建贵族都疯狂地追求财富，在西欧上层社会形成一种拜金狂。但是，在 14 世纪以后，信奉伊斯兰教的土耳其人占领君士坦丁堡，控制了东部地中海，使传统的沿地中海，经小亚细亚和中亚细亚的丝绸之路到东方的贸易通道被切断，限制了西欧商人的贸易活动。"黄金欲望"使当时许多欧洲人去探索绕过地中海通往印度、中国的海上航路。因此，15 ～ 16 世纪西欧各国开始了航海探险。1487 年葡萄牙人迪亚士（1450 ～ 1500）经非洲西海岸到达好望角，发现非洲。1492 年意大利人哥伦布（约 1480 ～ 1506）发现"新大陆"美洲。1497 年葡萄牙国王派达·伽马（约 1460 ～ 1524 年）绕过好望角，航行 10 个月到达印度。1519 ～ 1522 年麦哲伦（1480 ～ 1521）完成环球航行。

航海探险和地理大发现有着巨大的历史意义。这种活动显然具有掠夺和开拓殖民地的性质。葡萄牙等西欧国家沿着新开辟的航路对东方进行了多次掠夺。地理大发现使资产阶级获得了大量廉价的劳动力和广阔的市场，大大加速了西欧资本主义关系的形成和发展。马克思和恩格斯在谈到地理大发现的社会影响时指出："美洲的发现、绕过非洲的航行，给新兴的资产阶级开辟了新的活动场所。东印度和中国的市场、美洲的殖民化、对殖民地的贸易、交换手段和一般的商品的增加，使商业、航海业和工业空前高涨，因而使正在崩溃的封建社会内部的革命因素迅速发展。"

航海探险和地理大发现又有重要的科学价值。哥伦布、麦哲伦坚信大地是球形的这一科学假说并以勇敢的探险活动证实了它，打开了人们的眼界，使人们看到了科学的正确和力量，鼓舞了人们敢于探索和创新的精神，对当时的西欧和以后的世界各国有广泛而深远的影响。航海活动开辟了一个科学研究的新天地，直接推动了天文学、大地测量学、力学和数学的发展。航海能使人们从不同的地区和方位观察天象，获得更丰富的天文资料；远航需要精确的星图、海图及测量海里和方位的量表；航海需要造炮舰，这就需要大量力学知识。天文学和力学的发展推动了数学的发展，此外，探险家们重新发现了地磁倾角，并把罕见的花木和鸟兽带回欧洲。地磁学、地理学、植物学、生物学、人种学等学科，只有在全球范围内才能有巨大的发现。

三、文艺复兴与宗教改革运动

随着资本主义在欧洲的萌芽与成长，新兴的资产阶级为维护和发展其经济利益并从政治上逐渐取代封建统治，需要制造舆论，锻造自己的精神武器。

在欧洲1000年的封建社会中，教会严密控制人们的思想，只许盲从信仰，不许独立思考，不许研究自然现象，活着只是为了死后升天，而不是为着现世。为了维护教会对人们思想的控制，基督教神学发展成一种体系庞大、论证缜密的关于上帝的学问，即所谓"经院哲学"，它要求用人类的理性来证明上帝的存在及其伟大力量。

自十字军东征以来，欧洲人从拜占庭和阿拉伯那里发现了灿烂的希腊古典文化。在这些古典文化中蕴藏有民主思想、探索精神、理性主义和世俗观念等，这些正是资产阶级所需要的精神食粮。他们从这些文化遗产中归纳、升华和酝酿出人文主义思想，作为文艺复兴运动的灵魂和指导思想，人文学者们利用古代学术知识批判经院哲学，提倡以"人"为核心的世俗世界观，反对以神为核心的宗教哲学和禁欲主义。"我是人，人的一切特性我无所不有"这一古老的箴言是人文主义者的口号。他们强调人类个性的价值，关心个人的幸福，要求把目光从天堂转向尘世。主张用人的观点、而不是用神的观点去考察一切，实际上是要求建立适合资产阶级要求的道德观念、文学艺术和经济制度等。所有这些就是"人文主义"的世界观。人文主义对于打破宗教的禁锢，解放思想，发展文学、艺术、科学、教育和哲学等无疑都起了巨大的进步作用。远洋航行和地理大发现是对地球的发现，文艺复兴则是对人的重新发现。文艺复兴运动创造了资产阶级的"古典"文学和艺术，同时也孕育了近代自然科学。

发生于 14～16 世纪的宗教改革运动是资产阶级削弱封建教会势力的一场政治斗争，首先在中欧与西欧一些国家如捷克、德国、波兰等国兴起，经过激烈的斗争，在这些国家建立了脱离罗马教庭的新教。宗教改革运动的直接要求是消除教会的权威，变"奢侈教会"为"廉洁教会"。在这一改革浪潮中，最具代表性的是德国的马丁·路德（1483～1546 年）和法国的让·加尔文（1509～1564 年）。马丁·路德鼓吹"因信称义"，认为只要真心信仰上帝就能得到救赎，这与教会的中介作用无关：人与人的区别只在于信仰，只要真心信仰上帝，受洗入教就能享有与主教和教皇同等的权利。这种思想投射到科学研究中就是科学的普遍主义，即独立思考、不迷信权威、按照自己的意愿解释自然的精神。加尔文主张"先定"的理念，认为宇宙中的一切都归之于上帝永不更改的"先定"，因此禁欲和祈祷都是无用的，但是人们不应放弃现世的努力，因为上帝对于其挑选的选民必然给予充分的支持，而个人只要在事业上获得成功就是实现了上帝所赋予的先定使命，就是死后灵魂得救的可靠证明。上帝的意图是可以通过勤奋工作和潜心研究上帝所创造的一切而得到启示的。新教的教徒们为了获得上帝的恩宠而潜心研究自然界，客观上促进了自然科学的探索。加尔文的"先定"理念在对自然界的看法上就表现为机械决定论的观念。尽管新教本质上仍是崇尚信仰反对科学的，但它对现世的关注，它所提倡的独立思考、积极进取的精神，客观上起到了促进科学的作用，在当时教徒们为了赞美上帝而研究自然，比起为了功利的目的而研究自然更具有吸引力。宗教改革运动是人文主义在宗教领域的延伸，并且由于其广泛的群众参与性而具有更深远的社会影响，恩格斯称之为"第一号资产阶级革命"。

第二节　近代科学划时代转折点

一、日心说的创立

在欧洲中世纪，天文学的宇宙模型是托勒密的地心体系，它以为地球静止地居于宇宙中心，太阳、月球、行星和恒星都绕地球转动，故又称"地球中心说"或"地心说"。这一学说本来是古代对天体运动的一种解释，在观测精度不高的条件下，它与当时的观测资料符合得相当好，并与人们的经验相一致，因此比较容易为人们所接受，一直流传了 1000 多年。可是到中世纪后期，天主教会给它披上了一层神秘的面纱，硬说地球居于宇宙中心，证明了上帝的智慧，上帝把人派到地上来统治万物，就一定让人类的住所（地球）处于宇宙的中心。这样一来，托勒密的学说就成为了基督教义的支柱，成为不可怀疑的信条而阻碍着天文学的进步。然而由于观测技术的进步，在托勒密的地心体系里必须用 80 个左右的均轮和本轮才能获得同观测比较相合的结果，而且这类小轮的数目还有继续增加的趋势。一个理论的体系当它解释现象时变得愈来愈复杂、愈来愈繁琐，要求愈来愈多的附加条件，在新的事实面前愈来愈牵强附会，于是怀疑的时刻就会到来。

在科学与宗教神学的较量中，最先突破宗教神学的藩篱、宣告科学独立的是波兰人哥白尼创立的日心说。哥白尼（1473～1543 年）生于波兰维斯瓦河畔的托伦城。他 10 岁丧父，在舅父的抚养下长大成人。1491 年进入波兰克拉科夫大学学习，在那里他对天文学产生了兴趣并学会用仪器观察天象。1496 年赴意大利留学，先后逗留了 9 年，在波隆那和帕多瓦等大学学习法律和医学，但是他着力钻研的是天文学、数学、希腊语和柏拉图的著作，在这期间，他受到人文主义运动的影响以及希腊古典著作的启发，逐渐形成了太阳中心说的思想。1506 年他回到国内，从此一面完善他的学说，一面进行人文观察，用观察和计算对学说加以核对和修正，经过 30 多年的努力，终于写成了 6 卷本的《天体运行论》一书，总结和阐述了他的学说，但是他迟迟不愿将其主要著作《天体运行论》公开出版。因为他很清楚，他的书一经出版，便会引起各方面的攻击。

当哥白尼终于听从朋友们的劝告，将他的手稿送去出版时，他想出一个办法，在书的序中写明将他的著作大胆地献给教皇保罗三世，他认为在这位比较开明的教皇的庇护下，《天体运行论》也许可以问世。除了这篇序之外，《天体运行论》还有另外一篇别人写的前言，说书中的理论不一定代表行星在空间的真正运动，不过是为编算星表、预推行星的位置而想出来的一种人为的设计。这个"迷眼的沙子"起了很大的作用，在半个多世纪的时间里骗过了许多人。1542年，秋哥白尼因中风已陷入半身不遂的状况，到1543年初已临近死亡。延至5月24日，当一本印好的《天体运行论》送到他的病榻的时候，已是他弥留的时刻了。

在《天体运行论》中，哥白尼从运动的相对性出发，论证了行星的视运动是地球运动和行星运动复合的结果。他说："无论观测对象运动，还是观测者运动，或者两者同时运动但不一致，都会使观测对象的视位置发生变化（等速平行运动是不能互相觉察的）。要知道，我们是在地球上看天穹的旋转；如果假定是地球在运动，也会显得地球外物体作方向相反的运动。"接着，他提出了地球在宇宙中的位置问题，认为地球并不在中心，而是像其他行星一样距太阳有一段距离，在自己的轨道上运行。他写道"我们把太阳的运动归之于地球运动的效果，把太阳看成是静止的，恒星的东升西落并不受影响。然而行星的顺行、逆行、和留则不是由于行星本身的行动，却只是地球运动的反映。于是，我们认为，太阳是宇宙的中心。"此外，他还谈到，月亮的运动，行星在太阳系中的排列等。并且在测定了行星的公转周期之后，重新安排了太阳系各天体的排列顺序。他指出，太阳系的行星在各自的圆形轨道上围绕太阳旋转，它们的轨道大致处在同一个平面上，它们公转的方向也是一致的。月亮围绕地球旋转，并且和地球一起绕太阳旋转。

哥白尼的这些解释使从前看来极不协调的种种天象变得十分简单而又合理，他把太阳系中天体的视运动归因于一个统一的原因，即地球的自转及绕太阳的公转。太阳中心说的发表是近代科学史上一件划时代的大事，它颠覆了1000多年来占统治地位的宇宙观，给我们描绘了一幅关于太阳系的科学图景，为近代天文学奠定了基础。尤其重要的是，这一学说宣告了神学宇宙观的破产，开始了自然科学从神学中的解放运动。太阳中心说以叛逆教会权威的姿态向世人表明：既然传统的天文观不是亘古不变的绝对真理，那还有什么教条不可怀疑？还有什么学说不可以改变呢？这个界限一旦被打破，思想解放的潮流就像决堤的洪水势不可挡。恩格斯在评价哥白尼学说的革命意义时说，哥白尼那本不朽著作的出现是自然科学向宗教权威发出的挑战书，是自然科学借以宣告独立的宣言。爱因斯坦在纪念哥白尼逝世400周年的大会上指出："他（指哥白尼）对于西方摆脱教权统治和学术枷锁的精神解放所做的贡献几乎比谁都大"。这些评价是十分恰当的。

当然，哥白尼的太阳中心说并不是无懈可击的。他不能解释：为什么人们感觉不出地球的运动？地球既然自转，地球上的物体下落何以不产生偏斜，哥白尼还不能摆脱亚里士多德哲学的束缚，他接受了圆运动是天体最完善的运动方式的观念，因而在哥白尼的体系里，一切行星都沿圆周运动，而宇宙则是所谓最完善的、有限的球形。所有这些缺点和不完善的地方，随着自然科学的发展，都不断地得到了修正。

二、日心说的传播与发展

乔尔丹诺·布鲁诺（1548～1600年）是文艺复兴时期反对经院哲学的思想家，也是天文学家和数学家，哥白尼学说最早的支持者之一。1584年，布鲁诺先后出版了《论无限性、宇宙和诸世界》等三种著作，系统地论证了日心说理论的真实性，阐述了宇宙是无限的观点，全面地批判了亚里士多德物理学。而且他比哥白尼更进一步，超越了他关于恒星固定在一个以太阳为中心的天球上的观点。他认为宇宙在时间和空间上是无限的和永恒的，宇宙没有中心，太阳系只是其中的一个天体系统，恒星之间有着极大的距离，它们散布于无限的宇宙之中，以它们为中心，存在着无数像太阳系一样的体系。他还预见到，太阳围绕着它自己的轴转动，太阳系的行星数量不止已知的那些，地球的两极呈扁平状等。

作为近代科学革命的哲学代表，布鲁诺认为统一的物质实体是宇宙万物普遍的、共同的本质，是万物的本原和原因，不存在宇宙之外的别的推动力量，宇宙便是其自身运动的原因。他强调自然界是唯一的认识对象，而只有理性才能真正认识自然，只有最符合于自然真理的哲学才是最好的哲学。他指出真理并不存在于感觉之中，譬如在人们的感觉中，地球不动而太阳在围绕地球运转，但这只是一种错觉。布鲁诺也是近代科学的殉道者，他认为，为了追求真理和美好的事物，应该具有牺牲精神，如果个人在追求真理过程中遭受危难和不幸，从永恒的观点来看，可以被认为是善事或引向善的先导。

布鲁诺的言论对教会权威和经院哲学构成了重大威胁，甚至在较为自由的英国也不能被容忍。1591 年 8 月，布鲁诺回到意大利，次年 5 月因宣扬异端的罪名而被捕受审。由于布鲁诺坚持自己的信念，在被监禁 8 年之后，教皇克莱芒八世下令，将他处以死刑。1600 年 2 月 17 日，布鲁诺被宗教法庭烧死在罗马鲜花广场。在临刑之际，布鲁诺依然宣称："火并不能把我征服，未来的世界会了解我，知道我的价值的。"

在天文学研究方面，意大利天文学家、物理学家伽利略（1564 ～ 1642 年）对哥白尼学说的传播起了更为突出的作用。1609 年，伽利略根据光的折射原理设计制造出世界上第一架天文望远镜，可以使物像放大 30 倍。他用自制的天文望远镜进行天文观测，获得一系列重要发现。伽利略发现：月球的表面布满了斑点，这说明月球上有崎岖的山脉和荒凉的山谷；木星有四颗卫星伴随；太阳有黑子；茫茫银河由无数发光的恒星所组成。伽利略用观察到的天文事实直接或间接地证明了哥白尼学说的正确性。1610 年，伽利略发表了以天文观测成果为主要内容的《星际使者》和《关于太阳黑子的通讯》等论文。1632 年，出版了《关于托勒密和哥白尼两大世界体系的对话》，伽利略用充分的论据阐述了哥白尼的新学说，深刻地批判了教会所支持的托勒密的旧宇宙观，所以引来了教会对他的迫害，1615 年和 1633 年两次被罗马教皇的宗教裁判所传讯，并在第二次传讯中，被裁判所判处终身监禁，他的《关于托勒密和哥白尼两大世界体系的对话》也被教会列为禁书。1642 年伽利略在囚禁中病死。

在 16 世纪下半期，编制出能准确表示行星实际运动的星表，是不少天文学家努力追求的目标。第谷·布拉赫（1546 ～ 1601）便是这些天文学家中最著名的一位。他是丹麦人，贵族出身。13 岁进入哥本哈根大学学习。他酷爱天文学，一生中完成了 750 颗星的观测记录。他在去世之前，把自己一生辛劳所积累的宝贵资料和完成星表的遗愿并留给了他的助手开普勒第谷·布拉赫创造性地建立了一套天象观测方法，成为近代天文学的奠基者，并为后来开普勒和牛顿的科学工作奠定了坚实的基础，被后人誉为近代天文学的泰斗和始祖。

开普勒（1571～1630年）是一位德国天文学家和数学家。他出身于德国南部瓦尔城一个新教徒家庭，他17岁丧父，不久母亲因"魔女"（即女巫）罪被捕入狱，贫苦的幼年生活使他的身体很虚弱，在一次天花之后，他的眼睛坏了，满脸麻子。但远大的理想、顽强的意志和旺盛的求知欲使他在后来的学习和工作中取得了巨大的成就。他靠宫廷资助读完了大学，1600年1月，开普勒应邀到布拉格近郊的贝纳泰克天文台任第谷·布拉赫的助手。1601年，第谷·布拉赫病逝后，开普勒成了第谷·布拉赫遗愿的执行人。在整理第谷遗下的大量资料时，他相信自然界是和谐的，天体运动有一定的规律性。他把自己的着眼点首先放到寻找行星运动的规律上，他根据火星运动的真实轨道发现：第谷对火星运动的观测值与由哥白尼学说推算出来的数值有一个约为 0.1330° 即约8′的差数。开普勒坚信第谷观测的可靠性，而怀疑古老的圆形轨道有问题。他试着用椭圆轨道代替圆形轨道，这样推算出的火星轨道位置与第谷观测值差不多吻合。据此他发现了椭圆形轨道是太阳系行星运动的真实轨迹。太阳不是处在圆形轨道的中心而是位于这些椭圆轨道的一个焦点，这就是行星运动的第一定律。他进一步计算表明，行星绕太阳旋转的线速度不是均匀的。行星的运动服从面积定律，即单位时间内行星的向径所扫过的面积相等，这就是行星运动的第二定律。1609年，开普勒把这两个定律写进了他著的《新天文学》一书，以后经过10年的艰苦研究，他又发现了行星运动的第三定律，即任何两行星公转周期的平方与此两行星轨道长半轴的立方成正比。这一定律发表在1619年出版的他的另一部著作《宇宙的和谐》中。这也是自然科学发展史上第一次用数学语言定量地表述一条物理定律。开普勒由于发现行星运动三定律而名垂青史。这与他继承他的老师第谷·布拉赫的全部科学遗产——丰富而精确的天文观测资料有密切关系。人们评论说：第谷是"看"的老师，而开普勒则是"想"的学生。至此，哥白尼的宇宙模型经过开普勒的修正以后，才真正体现几何学的简单性和完善性，体现出自然秩序的和谐。行星运动三定律很好地描绘了太阳系的运动学特征，同时也把行星运动的动力学问题提了出来，开普勒在《火星的运动》一书中记述了他所发现的天体之间的引力规律。后来牛顿就是根据这一思想，用数学方法论证了万有引力定律。可以说开普勒看到了万有引力定律的影子，而牛顿则抓住了万有引力定律本身。

1630 年 11 月 15 日，开普勒在到雷根斯堡去索取人家欠他的薪金的途中因贫病交困而死去。终生在贫困中拼搏的开普勒为科学事业献身的精神值得后人称颂。

第三节　经典力学体系的确立

一、实验科学的兴起

自觉地应用仪器对自然现象进行观察，并在科学研究中引入实验的方法，是近代科学区别于古代科学的重要特点之一。应该说科学实验的萌芽在古代就已出现，如药用植物的寻找，浮力定律的发现，火药配方的改进，动物机体的剖析等，都有实验研究的特点。但就科学活动整体来讲，古人基本是对生产过程和自然过程的直接观察，是记录和整理生产经验和已知的事实，而不是自觉地应用仪器去探索未知的世界。15 世纪以后，生产的发展提供了实验研究的仪器和工具，制造了主要供探索性研究用的望远镜、显微镜、气压计、抽气机、温度计、摆钟等，使科学实验能够得到迅速发展。17 世纪时，培根倡导实验－归纳方法，进一步促进了实验科学的兴起。科学实验逐步成为一项相对独立的社会实践，对近代自然科学的发展产生了极为重要的影响。

17 世纪时，近代力学在实验的基础上首先取得了重大的进步。伽利略对一系列力学现象的研究就是利用实验方法取得重要成果的一个范例。伽利略在其一生的研究生涯中，一直保持着对实验的兴趣。他自己设计了不少科学仪器，其中包括测温器（1593 年）、比重秤（1586 年），望远镜当然是其中最为重要的。在力学方面，伽利略的第一个重要发现是关于钟摆运动的发现。传说他还是比萨大学的医学生的时候，有一次在教堂里做礼拜时，一盏吊灯的晃动引起了他的注意。因为有风，吊灯时而摆动幅度大一些，时而小一些，但是他发现，不管摆动幅度是大是小，摆动一次的时间总是相等的。当时还没有钟表之类的计时工具，伽利略用自己的脉搏计时验证了自己的发现。回到家后，他亲自动手做了两个长度一样的摆，让一个摆幅大一些，另一个小一些，结果极为准确地证实了这个发现。科学史家认为，这个传说有可能靠不住，据考证，比萨教堂的这盏灯是1587年制造的，而此时伽利略已经离开了比萨。但是在1602年的一封信中，伽利略的确提到过单摆实验。

　　伽利略的第二个重要发现是关于自由落体运动定律的发现。当他还是比萨大学学生的时候，伽利略就对亚里士多德的运动理论深表怀疑。亚里士多德认为，在落体运动中，重的物体先于轻的物体落到地面，而且速度与重量成正比。这种看法在经验中确实可以找到证据。例如一根羽毛就比一块石头后落到地面。但是也不难找到反例，例如一个同样大小的铁球和木球从等高处下落，几乎无法区分哪一个先落下。伽利略这样推论：把轻重不同的两个物体捆在一起，它们将如何运动呢？显然，根据亚里士多德的结论，那个较轻的物体将延缓较重的物体的运动，但同样根据亚里士多德的结论，这两个物体的重量比较重的一个更重了，那么它们又应该以更快的速度下落。这显然是自相矛盾的。伽利略晚年的学生维安尼在他写的伽利略传记中提到，伽利略在比萨斜塔上做过落体实验，证实了所有物体均同时下落。这就导致了后来几百年那个著名的历史传闻，但科学史家的考证表明，没有任何理由显示伽利略做过这一实验，但伽利略确实通过斜面实验发现了自由落体定律。由于斜面的坡度按比例延长了在重力作用下运动小球的路程和所需时间，因而便于观察记录和计数。在这一实验中，当小球从斜面上落下沿一个平面向前匀速滚动时，伽利略设想，如果没有表面的摩擦力，小球将会无限地运动下去，因而这里又产生了新的发现：力是运动产生和改变的原因，在没有外力的作用下，物体将保持原来的静止或匀速运动状态。这实际上是对惯性定律的最初表述，并且涉及了牛顿第二定律——力是改变物体运动的原因。不过，伽利略只是正确地提出了这个问题，最后完整表述这两个定律的是牛顿。在做斜面实验时伽利略发现，忽略摩擦力，尽管采用不同的斜度，小球到达斜面底部时的速度都是相等的。另外，他也发现从同一高度沿不同弧线摆动的摆锤达到最低点时的速度同样相等。

这些发现是动能定理的最初表述。

伽利略的第三个重要发现是运动叠加原理。这是在研究抛体运动时发现的。尽管当时的工程师们已发现抛体的运动轨迹是一条曲线，大炮的仰角为 45° 时射程最远，但却没能给予权威的证明。伽利略认为水平方向的匀速直线运动和垂直方向的自由落体运动同时存在于抛体上，互不干扰合成一种运动。他把两种运动加以分解，使用几何学的方法证明抛体运动的轨迹是一条抛物线，在仰角为 45° 时水平距离最远。他的研究开始了把复杂运动分解为若干简单运动的运动学研究方法。

二、牛顿对经典力学体系的建构

开普勒提出了行星运动的三定律，伽利略揭示了地球上物体不受阻挠时以匀速直线运动。在此基础上，17 ~ 18 世纪许多科学家都想用力学解释天体运动的问题，想回答行星沿椭圆轨道运行的受力状况。如英国物理学家胡克（1635 ~ 1703 年）想用实验的方法说明引力随吸引物体间距离变化的规律。荷兰物理学家惠更斯（1629 ~ 1695 年）根据单摆和圆周运动的实验，于 1673 年得出向心力定律。胡克和哈雷（1656 ~ 1742 年）都试图从开普勒和惠更斯的发现中推演出有关引力的定律，但都没有成功。最终将开普勒和伽利略的工作进行综合，从而构建经典力学理论体系大厦的是英国科学巨匠牛顿。

牛顿（1643 ~ 1727 年）也许是有史以来最伟大的天才。在数学上，他发明了微积分；在天文学上，他发现了万有引力定律，开辟了天文学的新纪元；在力学中，他系统总结三大运动定律，创造了完整的经典力学体系；在光学中，他发现了太阳光的光谱，发明了反射式单远镜。一个人只要享有这里的任何一项成就，就足以名垂千古，而牛顿一个人做出了所有这些工作。他出生于英国林肯郡伍尔索普乡村，是一个遗腹子，而且早产，差一点夭折。3 岁时，母亲改嫁，将他留给了外祖父母。与伽利略年少时一样，牛顿喜欢摆弄一些机械零件，做一些小玩具。1661 年，他进了剑桥大学的三一学院做工作减费生，靠做仆人的工作来赚钱生活。在三一学院，他先后获得了学士和硕士学位。1669 年，牛顿被他的老师巴罗（1630 ~ 1677 年）推荐，接替巴罗在剑桥开设的数学讲座，而巴罗则转去研究神学。牛顿不是一个成功的教授，听他的课的学生很少。他的具有独创性的理论和实验没有受到人们的重视，只有巴罗、天文学家哈雷等认识到他的伟大，并给予鼓励。牛顿在力学、数学、光学、流体力学等方面都有许多贡献。1687年他的巨著《自然哲学的数学原理》出版，给他带来了巨大的声望。1704年他的《光学》出版，他还发表过有关微积分的论文。1703年他开始担任英国皇家学会会长一直到他逝世。1693年以后，牛顿放弃了科学研究，担任了英国造币厂监查、厂长职务，并从事神学研究。他担任厂长期间，参与进行了英国的货币改革。

在《自然哲学的数学原理》的序言中，牛顿说明了研究理论物理学的目的和方法是："从运动的现象去研究自然界中的力，然后从这些力去说明其他现象。"他在前两编中，定义了惯性、质量、力、向心力、时间、空间等基本力学概念，叙述了运动的基本定律，即牛顿力学三定律，以及用演绎的方法推演出万有引力作用定律、流体静力学、流体动力学的各种定律。在第三编中，则是用已发现的力学规律去解释世界体系，论述了地球上潮汐的成因、岁差现象和彗星轨道等。

牛顿在《自然哲学的数学原理》中，很大部分是用定量的方式，以数学方程来表示力学中的运动方程。这样，"运动定律和引力定律的结合构成了一个奇妙的思想结构，通过这个结构，就有可能根据在一特定瞬间所得到的体系的状态，计算出它在过去和未来的状态。只要一切事件都是限于在引力的影响下发生的"。这样一来，自然界中的任一运动状态，都成为整个因果链条中合理的一环，而且可以用运动方程表示出来。

《自然哲学的数学原理》完成了经典力学体系的构建，人们称之为17世纪物理学、数学的百科全书。这部著作对宇宙体系进行的分析，其叙述之深刻，结构之严谨，令同时代人惊叹不已。这本书在全部科学史上的地位是无与伦比的。就数学而论，只有欧几里得的《几何原本》可以与它相比；就它对科学思想的影响而论，只有达尔文的《物种起源》比得上它。直到19世纪末，它一直是物理学领域中每个工作者的纲领。

牛顿在科学方法论上发展了从经验事实概括为自然科学理论的方法。他指出："在自然科学里，应该像在数学里一样，在研究困难的事物时，总是应当先用分析的方法，然后才用综合的方法，这种分析方法包括做实验和观察，用归纳法从中做出普遍结论，并且不使这些结论遭到异议，除非这些异议来自实验或者其他可靠的真理方向。……用这样的分析方法，我们就可以从复合物论证到它们的成分，从运动到产生运动的力，一般地说，从结果到原因，从特殊原因到普遍原因，一直论证到最普遍的原因为止，这就是分析的方法，而综合的方法则假定原因已经找到，并且已把它们立为原理，再用这些原理去解释由它们发生的现象，并证明这些解释的正确性。"

三、16 ～ 18 世纪物理学的其他成就

16 ～ 18 世纪物理学最主要的成就是创立了经典力学，其他物理学分支学科还仅仅是经验科学，它们必须从头做起，即从观察实验、收集材料做起。

在热学领域，从伽利略于 1593 年制成第一个温度计起，陆续制成了多种温度计。18 世纪布莱克（1728 ～ 1799 年）提出热质说，他认为热是一种特殊的物质，是一种流体，它可以渗透到物体中去，并在热交换中从一个物体流向另一个物体，但热质的总量是守恒的。由于热质说能解释许多已知的热现象，因而一度成为 18 世纪占统治地位的热学学说。

在电磁学领域，1600 年英国人吉尔伯特（1540 ～ 1603 年）发现了磁偏角，首先使用了"电"这个名词。1745 ～ 1746 年间，荷兰莱顿大学的物理学家克莱斯（? ～ 1748 年）和穆欣布罗克（1692 ～ 1761 年）通过实验发现了电震现象，并发明了一种能储存电荷的装置——莱顿瓶。1672 年德国人格里凯（1602 ～ 1686 年）制造了一架起电机。18 世纪 70 年代英国物理学家卡文迪许（1731 ～ 1810 年）实验证明静电荷之间的作用力与它们间距离的平方成反比。1785 年法国物理学家库仑（1736 ～ 1806 年）用自制的扭秤实测了电荷间作用力的大小，发现了库仑定律，它是电学史上第一个定量定律。这一成果标志着电学研究从定性进入定量阶段，开始走上科学的坦途。后来，德国数学家、物理学家高斯（1777 ～ 1855 年）发展了库仑定律，提出了高斯定律，用它可以求连续分布电荷产生的电场，成为静电作用的基本定律之一。1752 年 10 月美国科学家和政治家富兰克林（1706 ～ 1790 年）在费城作了著名的风筝实验，证明天空闪电和地电相同，他还发明了避雷针。意大利医生波罗那大学解剖学教

授伽伐尼（1737～1798年）在1780年通过蛙腿实验偶然发现了电流，使电学开始进入了由静电研究转向动电研究的新阶段。在1775年至1800年间意大利实验电学家伏打（1745～1827年）发明了世界上第一个产生电流的装置——伏打电池。

在光学领域，开普勒首先提出了光度学定理，还研究了光的折射现象和透镜成像问题。1621年荷兰数学家斯涅耳（1594～1676年）发现了光的折射定律，1655年意大利科学家格里马蒂（1618～1663年）发现了光的绕射现象（即衍射现象）和薄膜干涉现象。1665年牛顿作了日光的分光实验，发现白光是由红、橙、黄、绿、蓝、靛、紫七种单色光组成的复色光。牛顿还在1668年设计制造了一种反射式天文望远镜，做了"牛顿环"实验。1670年丹麦物理学家巴塞林（1625～1698年）发现光通过冰洲石晶体时产生双折射现象。随着光学上的这些新发现，科学家们对光的本性问题提出了各自的看法。归纳起来，大致有两种学说：一种是以牛顿为代表的微粒说，另一种是以惠更斯为代表的波动说。

第四　第一次技术革命

一、蒸汽机的发明与技术革命

英国于1770～1830年间，首先在纺织等轻工业部门完成了工业革命，法国和德国分别晚于英国50年和80年。英国之所以能首先完成工业革命而成为建立现代工业的伟大先驱，是因为其经济、工业技术等条件最先发展到了革命的爆发点。以15世纪的毛纺工业、矿山和金属工业为基础的初期资本主义的形成发展，17世纪中叶以后工业资本的发达以及随之而来的农村土地制度的变革；进而是海外贸易的扩大，国内商业组织的完备；以英格兰银行为中心的金融部门的发展等，都是工业革命的前提条件。而这些前提条件之所以成熟，又与13世纪以来的罗吉尔·培根（1214～1294年）、吉尔伯特、哈维、弗兰西斯·培根（1561～1626年）、波义耳、胡克、牛顿以及促使科学巨匠辈出的英国科学传统有关。

工业革命的第一阶段是纺织机的发明。1733年约翰·凯依

（1704～1764年）改进了纺织机（发明了飞梭），1738年约翰·惠和路易斯·鲍尔制造滚轮式纺织机，1764年哈格里夫斯（1710～1778年）制造多滚轮纺织机（珍妮纺织机），1768年阿克赖特（1732～1792年）制造水力推动的桨叶式纺织机，1779年克伦普顿（1753～1827年）综合珍妮机和水力机的优点，制造走锭精纺机，1787年卡特赖特（1743～1823年）制造蒸汽织机（靠蒸汽运转的织布机）。广泛地影响到工业界，并使英国工人彻底改变以往劳动状态的是哈格里夫斯的多滚轮纺织机（1880年英国安装了20000台）。但是这种机器从本质上来说还是家庭工业机械，靠人转动。直到利用机械动力的阿克莱特水力纺织机出现之后，才有了发展到资本主义工厂制的可能。正如恩格斯所说："随着棉纺业的革命化，必然会发生整个工业的革命。……我们到处都会看到，使用机械辅助手段和普遍应用科学原理是进步的动力。"

工业革命的第二阶段是蒸汽机的发明，有了上述准备以后。1765年瓦特的蒸汽机才应运而生。用蒸汽代替了水力和畜力，不管是城市还是其他一切地方，凡有制造蒸汽的水和煤的地方，都可以集中建立工厂了。这是一场伟大的革命，由此正式进入了近代资本主义时代。

瓦特（1736～1819年）是一个经常与格拉斯哥大学有来往的机械商，他努力自学了研究蒸汽机所必需的力学、物理学、化学、数学等知识，并且与格拉斯哥大学解剖学和化学教授、热学理论的创始者约瑟夫·布拉克（1728～1799）以及《国富论》的作者亚当·斯密（1723～1790）等人的交往甚密。1763～1764年他受学校委托负责修理大学所有的纽可门式蒸汽机（常压蒸汽机），他发现这种蒸汽机的效率很低（大约为1%）。瓦特根据比热、潜热的概念分析了上述现象，认为纽可门蒸汽机的主要缺点是在汽缸内反复进行冷凝，把大量热能浪费于重新加热汽缸。针对这个问题，瓦特在1765年研制成功了同汽缸分离的单独的冷凝器，加以采取了精密加工、油润滑和设置绝热层等措施，改进了纽可门蒸汽机，使热效率提高到3%以上，在1782年又研制成功了具有连杆、飞轮和离心调速器的双向蒸汽机，使蒸汽机可以把直线运动变为连续而均匀的圆周运动，因而可以经过传动装置带动一切机器运转，给整个工业和交通运输业提供了一种可靠的通用动力机。从此动力机、传动机、工作机组成了机器生产的系统，这一划时代的成就使他在1794年获得了发明专利

（专利第913号）。作为资本主义大工业动力机械的蒸汽机就由此诞生。蒸汽机发明以后，它的身影迅速出现在工厂、矿山、火车、轮船上，蒸汽机带动着纺织机、鼓风机、抽水机、磨粉机，造成了纺织、印染、冶金、采矿和其他工业部门的迅速发展，创造出人们以前无法想像的技术奇迹，真正意义上的社会化大生产出现了。

开始用机器制造机器，是工业革命的第三阶段。这主要是与刀架的发明有关的。只有在可以做到用机器生产机器的时候，大工业才奠定了自己的技术基础并得以确立。

在制造蒸汽机、纺织机和枪炮的推动下，18世纪末期的机械加工技术也有新的进展。在制锁、制枪支中开始实行了可以互相换零部件的标准化方法。英国机械师莫兹利（1771～1831）在1794年发明了车床上的移动刀架，在1797年制成了安放在铁座底上带有移动刀架的车床。莫兹利将原来用手握持的刀具安装在机架上并使之能沿着车床的中心轴线平行滑动，这种自动刀架车床可以方便、迅速、准确地加工平面、圆柱形、圆锥形等多种几何形状的部件，使车床真正成为机器制造业自身的工作机。滑动刀架这一简单的发明是机械技术史上的最大创造，在19世纪中英国出版的《全国的工业》一书中认为，滑动刀架对机器使用的改良和推广产生的影响，不亚于瓦特对蒸汽机的改良所产生的影响。采用这种附件的结果是，各种机器很快就完善和便宜了，而且推动了新的发明和改良。机械化操作的金属切削机床可以用来制造各种行业的工作机和动力机，也可以用来自己制造自己，它是工业革命中名副其实的工作母机，它的出现标志着机器制造业进入一个崭新的阶段。

二、工业革命的历史意义

工业革命通常指资本主义机器工业代替工场手工业的过程，实质就是把技术引入生产过程，用机器代替人的部分体力和脑力劳动。第一次技术革命引发的工业革命，为自然科学的发展和运用开辟了广阔的道路。工业革命使科学和技术成为生产过程必不可少的因素，生产过程变为科学的应用，又使科学成为同劳动相分离的独立的力量，技术发明成为一种职业。只有资本主义生产方式才第一次使自然科学为直接的生产过程服务，同时，生产的发展反过来又为从理论上征服自然提供了手段。随着资本主义的扩展，科学因素第一次被有意识地和广泛地加以发展、应用，并体现在生活中，其规模是以往时代根本想像不到的。

处在资本主义生产方式上升时期的资产阶级，积极推动工业革命和科学技术的发展。资本家、资产阶级政府不仅关心科学技术的进步，而且还采取了一些促进科学技术进步的措施，直接干预科技活动和科技事业。在工业革命中，各种科学社团纷纷开办，科学家、企业家、政府官员踊跃加入，科学活动现出社会化的趋势，科学技术对社会的影响也越来越大。到19世纪末，英国全国共有100多个科学社团，总人数比18世纪末增加了100倍。1831年成立了全国性的英国科学促进会，其主要任务就是分析科学发展的全貌，指出在进一步研究中最有成功希望的新方向。这个协会对19世纪英国科学的发展有重要影响，英国皇家学会也在19世纪进行了改革，规定贵族不享受参加学会的特权，学会成员以科学家为主。法国、德国和美国的科学活动和科学组织"官方"色彩更浓。

起源于中世纪的专利制度开始是对经营手工业和商业的特权，资本主义兴起以后，这种专利制度得到延续，用于保护新的技术发明。但是旧的专利制度手续繁杂、费用昂贵，限制了工业革命的发展。资产阶级基于利用科学技术的迫切需要，在19世纪后半叶先后修改或制定了新的专利法。新的专利制度促进了创造发明和新技术的推广，专利项目的增长反映了19世纪技术的长足进步。

工业革命的发展需要有懂得科学并能掌握近代技术的大批人才。英国在18世纪首先出现的技工学校到1850年已发展到约有600所，其中一些后来变成了技术学院。法国在1794年成立了巴黎理工学院，在招生条件、考试制度、课程设置等方面实行改革，它在19世纪成为科学技术教育和研究的中心，培养出了一大批做出开拓性发现和发明的著名人才，被拿破仑称之为"会下金蛋的母鸡"。德国、奥地利、瑞士、俄国等国家也在开办工艺学校或技术学校的同时开始办理工科大学或学院。德国的科学技术教育后来居上，搞得更为出色。美国也很重视科技教育，1861年依靠私人联合公司的资金建立了麻省理工学院。1862年，美国国会通过了"土地赠予法"，规定各州要出卖从联邦政府获得的土地并把卖得的钱用于建立农业专业学院，结果在 28 个州建立了这种学院，对美国农业技术人员的培养和农业经济的发展起了重要作用。

以大机器生产为特点的工业体系的形成是工业革命的主要成就，它推动社会生产力迅猛发展，又为资本主义生产方式奠定了巩固的技术基础。从 1800 年到 1900 年，英、美、法、德四个主要资本主义国家的煤炭产量从 1270 万吨增加到 65670 万吨，生铁产量从 20 万吨增加到 3587 万吨，钢材、铁路里程、船舶吨位都有了很大的增长。从 1820 年到 1913 年，世界工业生产增加 48 倍。恩格斯在总结工业革命的意义时指出："蒸汽和新的工具机把工场手工业变成了现代的大工业，从而把资产阶级社会的整个基础革命化了，工场手工业时代的迟缓的发展进程变成了生产中的真正的狂飙时期。"

工业革命的技术进步提高了生产的社会化程度，使生产真正成为社会的活动，同时机器大工业又使资本家之间的竞争白热化，加速了资本的积累和集中，19 世纪时，社会化大生产和生产资料私人占有之间的矛盾就鲜明地表现出来。机器大工业的巨大扩张能力不顾任何阻力要求扩大产品的销路，但是，在资本主义条件下无产阶级的贫困化使市场的扩张赶不上生产的增长，这就使"生产过剩"的经济危机不可避免。这种危机 1825 年首先在当时生产最发达的美国发生，以后又频频发生。危机爆发时，中小企业破产，通货膨胀，失业工人激增，在业工人工资降低。机器大工业是工人创造的，现在成了奴役他们的工具，机器的改进增加了社会财富，它又使生产者变为需要救济的贫民。科学技术的发现和发明是人对自然界的胜利，而在资本家手中却成为对工人的胜利，资本家通过新技术的应用获得了巨额的利润，又由于有了新的发明可以用解雇的手段来威胁工人。为了反抗剥削和压迫，19 世纪的英、法等国就先后爆发了宪章运动、里昂起义、巴黎公社运动、争取八小时工作制的罢工等工人运动，它标志着工业化大生产所产生的新的社会力量——无产阶级登上历史舞台。

第五章

近代科学的发展与第二次技术革命

19 世纪的科学与 17 ～ 18 世纪的科学相比，有两个显著的不同。从方式上看，前者进入了系统的整理阶段，而后者则是处于自然知识的收集和积累阶段；从形态上讲，前者进入了理论科学阶段，而后者主要是处于经验科学阶段：这些明显的变化不仅导致形成自牛顿时代以来的又一次科学高潮，几乎在各个学科、各个领域内都取得了革命性的进展，同时也引起了哲学观念方面，特别是自然观认识方面的根本变革。科学革命必然导致技术革命和产业革命，19 世纪最杰出的成就无疑是电气工业的产生和发展。由于电磁理论的建立和发展促成了发电机、电动机和其他电磁机器的发明，并带来了无线电报和无线电话，标志着电气时代的到来，引起了人类历史上继蒸汽革命以后的第二次技术革命，其作用和影响一直持续到今天。

第一节　19 世纪的天文学和地质学

一、天文观测技术的进步和天体演化理论的提出

19 世纪天文学的发展得益于观测技术的进步。这些技术进步包括望远镜的改进、天体照相术的发明和光谱学技术的发明。1729 年英国业余天文学家霍尔制成了第一块消色差物镜，它是由不同种类的玻璃拼成的，其主要作用在于：一块透镜产生的色差可以被另一透镜所抵消，称为复合物镜。1817 年德国的夫朗和费(1787 ～ 1826 年)制造出第一块直径为 9.5 英寸、焦距为 14 英尺的大孔径优质物镜，后来俄国多尔帕特天文台台长

斯特鲁维（1793～1864年）借助于装上这种物镜的折射望远镜发现了2200多颗新双星。与此同时，反射望远镜也有很大改进。1781年英国天文学家赫歇尔（1738～1822年）利用自制的大型反射望远镜发现了天王星；1787年他研制出第一架焦距为20英尺的巨型反射望远镜，1789年又研制出直径为48英寸、焦距为40英尺的巨型反射远镜，并借助它发现了一些行星的卫星。1846年德国天文台台长加勒（1812～1910年）按照勒维烈（1811～1877年）计算的结果发现海王星。

天体照相术的发明首先应归功于巴黎天文台台长阿拉戈（1786～1853年）。1839年，阿拉戈发明了银板照相法，随后照相便被广泛应用于天文学研究之中。利用照相术不仅可以获得永久的天文照片，而且可以拍摄连人眼及巨型望远镜都观察不到的暗弱天体。1840年美国的德雷伯（1811～1882年）利用大型望远镜取相术拍摄了第一张月亮表面的照片；1845年德国的费索（1819～1896年）拍摄了第一张太阳照片；1877年米兰的斯基亚帕雷利（1835～1910年）公布了当时最精确的火星表面图片。

18世纪下半叶，英国天文学家赫歇尔开创了恒星天文学研究领域，随着19世纪光谱学技术的发展，人们对恒星的化学构成开始有所了解。恒星光谱学的研究，始于英国的沃拉斯顿（1766～1828年）于1802年发现太阳光谱中有7条暗线。当时他认为这是各种颜色的界限而没有注意。1814年夫朗和费又一次发现了这些暗线，并发现它们是固定不变的，但因他早逝而未能得出对这一特异现象的解释。

1859年德国物理学家基尔霍夫（1824～1887年）根据他提出著名的基尔霍夫三定律，对这些暗线做出了说明。基尔霍夫的三定律是：第一，白炽固体或高压白炽气体产生连续光谱，其范围从红光到紫光；第二，低压发光气体和蒸汽光谱是一些分离的明线，而且每种元素都具有一组独特的发射光谱线；第三，能够发出某一特定光谱的物体，对这条谱线有强烈的吸收能力，这三条定律为天体物理奠定了理论基础。基尔霍夫根据这三条定律，把太阳光谱中的暗线解释为：它是由太阳大气对太阳发出的连续光谱中相应波长光的吸收所造成的，在实验室内可以在太阳光谱和火焰的连续光谱中人为地加强这种暗线。基尔霍夫把太阳光谱和实验光谱进行比较后确认，天体的化学组成中有许多地球上常见的化学元素。用这种方法观测所获得的资料越来越多，促进了理论分析的深入。

第一个天体演化理论是康德提出的星云假说。1754 年德国青年哲学家康德（1724～1804）提出了一篇探讨地球自转问题的重要论文，文中提出了由于潮汐摩擦而使地球自转逐渐变慢的假说，这种见解现在已得到证实。这一假说实际上已经渗透了天体发展变化的思想。1755 年，康德又发表了《宇宙发展史概论》一书，提出了太阳系起源的星云假说。康德认为，太阳系的所有天体是从一团主要由固体尘埃微粒构成的稀薄的原始星云通过万有引力作用而逐渐形成的，这团物质是在排斥和吸引的相互斗争中产生运动的。所谓吸引的主要因素是万有引力，星云内较大的质点或质点团，把周围较小的质点或质点团吸引过去，形成越来越大的物质团。它们在运动中互相碰撞，有的碰碎了，有的则合并为更大的物质团，最后在星云中心部分形成大的中心大体，这就是太阳。而康德所理解的"斥力"主要是指质点互相碰撞时产生的机械力，当中心天体形成后，留在外面的质点或质点团继续向中心体下落，在下落过程中因与其他质点碰撞而改变运动方向斜着下落。这样便有很多质点绕太阳公转起来，在太阳周围出现转动着的云状物，后来逐渐凝聚成行星。至于卫星的形成，康德认为是行星形成过程的小规模的重复。此外，康德还对行星轨道的特性、密度和质量分布、彗星形成、行星自转、土星光环和黄道光的形成等都作了定性的解释。当时还没有发现天王星、海王星、小行星，卫星只发现了 10 个，彗星的资料也很少，人们对太阳系的知识还处于十分贫乏的状态，康德能对太阳系起源问题作如此详尽而深刻的探讨，而且许多看法至今还很有价值，的确是难能可贵的。

继康德之后，法国著名数学家、天文学家拉普拉斯（1749～1827 年）在 1796 年出版的《宇宙体系论》的附录中，也提出了一个太阳系起源的星云说。拉普拉斯认为，太阳系的所有天体是由一团大致呈球状的、灼热而本身又在自转着的巨大气体星云形成的。由于冷却，星云逐渐收缩，由于角动量守恒，收缩时转动速度加快，在离心力和密度较大的中心部分对它的吸引力的联合作用下，星云逐渐变为扁平的盘状，当离心力与引力相等时，就有部分物质留在原处，演化为一个绕中心转动的环；星云继续冷却和收缩，分离过程一次又一次地重演，形成了和行星数目相等的气体环；星云中心部分则收缩为太阳，由于各个气体环内物质分布的小均匀性使物质越来越趋向于环内密度较大的地方集中，最后形成行星，形成不久的行星还是相当热的气体球，后来逐渐冷却、收缩、凝固为固体的行星，较大的原始行星在冷却收缩时又可能类似地一次次分出一些气体环，形成卫星系统。

在两个世纪前宗教神学势力还相当强大，拉普拉斯就已在他的名著《宇宙体系论》中，严肃地批判了牛顿用"全智全能的上帝的创作"来解释太阳系结构的错误观点。他认为牛顿过早地放弃了科学研究，而把他无法解释的问题归之于"上帝"，这对于科学和他自己的荣誉来说都是不幸的事。拉普拉斯还写了一部天文学名著《天体力学》，当拿破仑问拉普拉斯，为何在这部著作中一次也未提到世界造物主时，拉普拉斯立即干脆地回答说："陛下，我不需要这种假说。"这些都表明了拉普拉斯坚定的无神论唯物主义立场。

康德的《宇宙发展史概论》开始是匿名发表的第一版，印数不多，他的星云说很长时间得不到公认。在拉普拉斯的星云说提出后，由于拉普拉斯的学术威望和当时法国的社会条件，很快得到了公认。在这种情况下，康德的著作也在1799年再版。拉普拉斯的星云说在19世纪被认为是太阳系起源的最完善的学说，但在当时的历史条件下，也有一些不妥之处。康德和拉普拉斯的星云说的最大历史功绩，是根本否定了牛顿提出的上帝对行星运动作了"第一次推动"的说法，说明了地球和整个太阳系是某种在时间的进程中逐渐生成的东西。星云说在当时的形而上学宇宙观中打开了第一个缺口。

二、地质学的确立

1790～1830年是地质学的确立时期。魏纳（1749～1817年）、洪堡（1769～1859年）、布赫（1774～1853年）、赫顿（1726～1797年）、史密斯（1769～1839年）、居维叶（1769～1832年）、赖尔（1797～1875年）等人使这门学科从科学的大家族中独立出来。

关于地壳变化及岩石成因的争论，形成了不同的学派，如水成论与火成论之争，灾变论与渐变论之争。

水成论是近代地质学第一个科学形态的学说，其创始人是德国人魏纳。魏纳地质学体系的中心思想是，人类观察所及的地壳，其岩层组成并非杂乱无章的堆砌，而是井然有序的排列。他把这种组成单位叫"地层"。他认为，地层是一层覆盖另一层，形成地壳的发展系列。1777年他根据厄兹山区的考察资料，把岩层划分为四种基本类型，即冲积层、成岩层、过渡层和原始层，并认为这个岩层序列也是地壳的发展历史。他认为一切地层都是世界洪水期沉积而成，水是地壳形成与变化的唯一动力因素，地下火的作用是次要的、局部的。但是这一学说难以回答原始海洋的存在、地层厚度不均以及玄武岩的形成等问题。1805年布赫与洪堡论证玄武岩为火成成因，实际上宣布了水成论的破产。

反对水成论的地质学派被称为"火成论"，其发祥地在苏格兰的爱丁堡。这个学派的领袖人物是赫顿等人。他们认为现今看到的地貌是长期侵蚀的结果，因为侵蚀过程极其缓慢，要求时间无限久远，侵蚀不可避免地从地球上抹去陆地。可是事实上还是有高山与陆地。他认为，侵蚀过程的后续过程是沉积，有许多证据表明，许多现时看到的同体岩层源于海底沉积，是古老岩层或火成岩残留物堆积而成。所以地壳是一种循环运转，一部分陆地毁灭，一部分陆地再造，循环就是抵消毁灭的再造。沉积物在海底固结，形成胶结物需要有压力（即物质与海水的重力），但根本因素是地内热，地内热在形成结晶片岩时起决定作用。同时他引用采矿经验，指出地球深部热量远超过地表热量：火山喷发的灼热岩浆就是例证。他接着论述，沉积过程之后，是地壳的隆起抬升过程。他用花岗岩脉切穿云母片岩来论证这一过程，表明花岗岩是触熔物质侵入形成的，而这种侵入有一股巨大的推挤力量，使沉积地层隆起抬升。这就是赫顿描绘的地壳演化三个连续过程，地内热是循环运转的动力，地球就是一部热机。

"水火之争"发展了地质科学概念与研究方法，对地质学的独立具有重要意义。地壳发展、地层构成、地层层序、地层形成的时间性等概念，表明地质学开始从母体矿物学中脱胎出来。但是，只有把生物演化系列和地层系列统一起来考虑，才能揭开地球的真实历史。这个工作由居维叶等人所开创。

灾变论的代表人物是居维叶。居维叶出生于离巴塞尔40英里的小镇蒙贝利亚尔，当时属维腾堡公国，后来属法国，所以德国人与法国人都说居维叶是自己国家的光荣国民。居维叶对地质科学的贡献是确立了生物地层学研究方法。这是从巴黎盆地地层古生物研究开始的。居维叶等人把巴黎盆地的地层，从最下面的白垩到最上面的黄土黏土层，共划分为九层（相当于现在的白垩，始新世、渐新世和第四纪冲积层），详细记录了每一地层的化石种类。然后运用比较解剖学知识，把生物化石与现存生物作对比，发现有一些动物在某个地层繁衍而以后灭绝，而有些灭绝动物和现存生物相似，特别是四足兽哺乳动物，于是他们形成一个科学概念：灭绝生物越是和现存生物差别大，躯体构造越简单，则它所处的地层年代越古老；越是和现存生物相似的生物化石，它所处的地层年代越新。这就是说，他们找到了"化石"这个科学尺度，通过与现存生物对比，可以推断地层年代（相对年代），但是，居维叶为灭绝物种与现存物种之间没有发现过渡类型，不能说现存物种是进化而来的、他认为以前的种也正如现在的种一样，是永恒不变的。物种既然是不变的，那么不同地质年代的地层中，为什么不同物种呢？为什么过去的物种，后来看不到了呢？居维叶回答说现在地球上的生命都遭受过可怕的事件，无数的生物变成了灾变的牺牲者，一些陆地上的生物被洪水淹没，另一些水生生物随海的突然高起而被暴露在陆地上，因此这些类群就永世绝灭了……这种灾变，在地质年代早期遍及全球。在地质年代晚期，仅限于较小区域，什么力能解释地球历史中的巨大灾变？他认为现在地球上起作用的自然力，如冰雪、流水、海洋、火山、地震，都不能说明过去的灾变，这种力只能是一种超自然的力。而且他从沉积速率计算，最后一次大灾难发生在五六千年前。实际上他心目中指的就是诺亚洪水。所以恩格斯评价居维叶的理论说："居维叶关于地球经历多次革命的理论，在词句上是革命的，而在实质上是反动的。它以一系列重复的创造行动代替单一的上帝的创造行动，使神迹成为自然界的根本的杠杆。"

渐变论的代表人物是赖尔，1830年赖尔的《地质学原理》第一册出版，标志着地质学旧时代的结束和新时代的开始。赖尔在书中明确认为，地球的面貌是缓慢变化的，引起这种变化的自然力，如河流、泉水、海洋、火山、地震等，是今天可以观察到的。这些地质应力对地球所作的历史性修正，就是地质学的研究课题。《原理》第二册论述了拉马克（1744～1829）的物种变异，物种的地理分布与传播，化石埋藏与生物对地表变化的作用，人类的起源等思想，赖尔认为这是生物界的相继变化，也应该是地质学研究的课题。《原理》第三册主要内容是第三纪地层划分以及岩石分类。第三纪地层划分，无论就科学内容与科学方法来说，赖尔都作了开创性贡献，是生物地层学的典范。赖尔总结出米的地质学体系包括了矿物、岩石、地层、古生物、矿床、地貌、动力地质、构造地质等内容，今天的古典地质学也是这个模式。可见《原理》对地质学具有方向性的指导意义。总之，《原理》的发表标志着地质学的独立，这主要表现在：完成了地质科学体系；确立了地质进化的科学概念；总结了地质研究的科学方法三个方向。恩格斯曾经高度评价赖尔的工作："只是赖尔才第一次把理性带进地质学中，因为他以地球的缓慢变化这样一种渐进作用，代替了由于造物主的一时兴发所引起的突然革命。"

第二节　第二次技术革命

一、电机的发明和电能的开发

19世纪电磁学的创立为电能的开发和应用奠定了理论基础。从19世纪70年代开始，电能在人类社会生产和社会生活的各个方面得到了广泛应用，开始了以电能的开发和应用为主要标志的第二次技术革命。

在直流电机的研制和改进方面，1821年法拉第制成了一台用化学电源驱动的近代电动机的雏形。1834年俄国科学院院士雅科比（1801～1874）制成了一台用化学电池组驱动的回转运动的直流电动机。1838年雅科比把他研制的电动机安装在船上，航行在涅瓦河上，成为世界上第一艘电动轮船。1834年美国铁匠戴文泡特（1802～1851）用电磁铁和电池制成了一台电动机。次年，他用这种直流电动机驱动圆形轨道上运行的小车，这是电气火车的锥形，他还取得了这项专利。1860年意大利物理学家，比萨大学教授巴奇诺基（1841～1912）发明了环形电枢，并制成了包含环形电枢、整流子和合理的励磁方式的直流电动机，基本上具备了现代电动机的结构和形式。

1831 年法拉第发现电磁感应定律后，1832 年法国巴黎的皮克西（1808～1835）兄弟创造了世界上第一台手摇永磁式交流和直流发电机，1834 年英国伦敦仪器制造商克拉克制成了第一台商用直流发电机。1863 年英国著名电机制造家外尔德（1833～1919）制成了具有磁电激磁机的发电机。1867 年德国的西门子（1816～1892）基于自激原理制成了自激式直流发电机。西门子发电机在技术史上相当于瓦特的蒸汽机，具有划时代的意义。到 19 世纪 70 年代用直流电机供电已开始占统治地位。

在电机发展过程中，长期存在着用直流电还是用交流电的争论，由于变压器的出现，从 19 世纪 80 年代起，交流电的发展和应用迅速扩大。早在 1832 年一位佚名发明家就研制出一台单相、同步、多极发电机，1878 年俄国科学家亚布洛契诃夫制成了一部多相交流发电机。1885 年意大利物理学家法拉利（1847～1897）提出旋转磁场原理，研制出二相异步电动机模型，1886 年美国的特斯拉（1857～1943）也独自研制出一种结构较完善的二相异步电动机。1889 年后俄国工程师多里沃（1862～1919）先后发明了三相异步电动机、三相变压器和三相制。1891 年在电能实际应用中首次采用三相制，标志着电力技术发展新阶段的开始。

19 世纪 30 年代以后，随着电能应用的迅速扩大，发电厂相应地发展了起来，由功率小的"住户式"电站，进而发展为大功率的中心发电厂。1889 年英国建成的特普夫电站是现代大型中心发电站的先驱。1882 年法国物理学家和电气技师德普勒（1843～1918）成功地进行了远距离高压直流输电试验。1891 年布洛在瑞士制造出了高压油浸变压器，以后又研制出巨型高压变压器。随着变压器的发展，远距离高压交流输电有了很大发展，1901 年美国在密西西比河流域建成了 50 千伏的高压输电线。远距离输电技术的发展，使电力成为比蒸汽动力更强大、更方便的动力，它的广泛应用对工业发展有决定性的作用。从 19 世纪 70 年代开始，电能作为新能源逐步取代蒸汽动力而占据了统治地位。美国、德国由于最早实现了电气化而迅速进入世界工业强国的行列，电力技术的广泛应用首先促进了电力工业、电气设备工业的迅速发展。以发电、输电、配电这三个环节为主要内容的电力工业产生和发展起来了，制造发电机、电动机、变压器、断路器以及电线、电缆等电气设备的工业也迅速兴起，同时还促进了材料、工艺和控制等工程技术的发展。电力技术的发展使许多传统产业得到改造，使一系列新技术应运而生。

二、远程通信技术的飞跃

电气时代所创造的生产力是蒸汽时代望尘莫及的，它为资本主义从自由竞争阶段过渡到垄断阶段提供了技术基础。随着生产力的飞速发展，生产规模的迅速扩大，在更大的范围内进行资源和市场配置是垄断资本主义的显著特点。在近代资本主义社会，物质资料、股票行情和信息都意味着财富，而近代通信工具则提供了迅速传递信息的手段。随着社会的进步，社会的组织化程度越来越高，通过各种信息把社会的各个部门和各个要素有效地联结成一个整体，这也需要通信技术。通信技术还是政治、文化、教育、宣传、交通等部门迅速传递信息的工具，战争的需要更是直接而有效地刺激通信技术发展的重要因素。

近代电报是最早产生的用电传递信息的装置。电报的发展经历了从有线到无线的过程。有线电报的发展走过了静电电报、电化学电报和电磁电报三个阶段。一位佚名者在1753年发明静电电报，他用26根线代表26个字母，在发送端导线与起电机连接，在接收端导线下挂一个小球，导线通电，则小球被吸起。1804年西班牙工程师沙尔伐（1771～1841年）以伏打电池作电源发明了第一部电化学电报，他用伏打电池作电源分解水，以负极产生的氧气泡作为信号的指示器。

1820年奥斯特关于电流的磁效应的发现为电磁式电报的发明奠定了理论基础。1833年德国科学家高斯（1777～1855年）和韦伯（1804～1891年）研制成电磁式电报机。而实用电磁电报的发明主要应归功于英国的科克（1806～1879年）、惠斯通（1802～1875年）和美国的莫尔斯（1791～1872年）。1836年科克制成了电磁电报机，并在1837年申请了第一个电报专利。伦敦皇家学院自然哲学教授惠斯通是科克的合作者。他们的发明经过不断改进而被投入使用，到1852年时，英国建成的电报线已达4000英里。莫尔斯是19世纪美国的第一流画家，1835年他研制成电磁电报机的样机，又根据电流通、断时出现电火花和没有电火花两种信号，于1838年发明了用点、线组成的"莫尔斯电码"。1844年在美国政府资助下，建成了从华盛顿到巴尔的摩全长 40 英里的电报线，从 19 世纪中叶起，掀起了一股铺设海底电报电缆的热潮，1850 年铺设成英法海峡间海底电报电线，到 1902 年电缆已穿过太平洋，把加拿大和澳大利亚连接了起来。

从某种意义上来说，电话的发明比电报的发明更难。电报只能提供离散性的信号，它可以用电流"有"和"无"两种不同状态的逻辑组合来代表信号，而电话要求提供连续的语音信号，这就需要用电量来模拟人的语音。因此，在电报投入使用 30 多年以后，才研制成实用的电话。

1876 年 2 月，美国的贝尔（1847～1922）和华生制成了最早的实用电话机，标志着人类运用电话通讯的开端。贝尔在大学专攻语音专业，他曾经试图研究一种为耳聋患者使用的"可视语言"，按照他的设想，是在纸上复制人语言波的振动，以使耳聋患者从这个曲线中看出"话"来。这一设计虽然没有成功，但在反复实验中，一次偶然的发现给了他启示：当电流导通和截止时，线圈会发出噪声，因此他想到用电波代替声波，来传送信号，在经历了多次失败之后终于获得成功。1876 年 2 月 14 日，他向美国政府申请发明电话机的专利。1877 年，第一份用电话发出的新闻电讯稿被送到美国波士顿的《世界报》，它标志着电话已进入公众的生活之中。

1865 年，麦克斯韦通过电磁理论的研究预言了电磁波的存在。1888 年，赫兹用实验验证了这一预言。赫兹的发现立刻引起了许多科学家去探索实现无线电报的可能。1895 年，卢瑟福（1871～1937 年）利用他发明的检波器可使无线电讯号传输 0.75 英里。英国的洛吉（1851～1940 年）于 1896 年发明用谐振电路的无线电报。实用的无线电报系统是由意大利物理学家、发明家马可尼（1874～1937 年）和俄国物理学家、电气工程师波波夫（1859～1906 年）发明的。

1895 年，马可尼利用自制的简陋的发射机和接收机以及他自己发明的垂直天线，收到了 1.6 英里以外发来的信号。1896 年他迁居英国伦敦，又在英国进行无线电收发表演，在邮政大楼顶上和相距 300 码远的储蓄大楼之间，成功地进行了实地收发表演。到 1897 年他使收发距离增加到 10 英里。同年，马可尼无线电报公司建立。马可尼发明的无线电报很快用于航海救险，1899 年 3 月，马可尼实现了英吉利海峡相距 45 英里间的无线电通信。1901 年 12 月 12 日，马可尼又首次完成了横跨大西洋的无线电通信。他在英国普尔渡建立了一个大发射台，采用音响火花式电报发射机发射信号，设置在 2000 英里外的收报机成功地收到了从普尔渡发来的"S"字母。这一成功标志着无线电报开始进入远距离通信的实用阶段。为此，马可尼和德国物理学家布劳恩（1850～1918）共同获得 1909 年的诺贝尔物理学奖。1910 年马可尼用水平天线收到 6000 英里外发出的信号，1916 年后，他又研究短波无线电通信，为现代远距离无线电通信奠定了基础。

对无线电通信作出重要贡献的波波夫 1859 年 3 月 16 日生于俄国乌拉尔的一个牧师家庭。他 1882 年毕业于彼得堡大学物理系，从 1889 年起，波波夫研究用电磁波向远处发送信号。他首创了接收机天线。1894 年，他和同事雷波金做收发电报表演。到 1896 年，他们用无线电讯号把莫尔斯电码成功地发送到 250 米远。1897 年，他把发送距离成功地增加到 5 公里。1898 年，同俄国海军一道实现相距 10 公里的舰只与海岸间的通信，次年又把通信距离增加到 50 公里。但由于俄国沙皇政府未及时给予支持，波波夫发明的无线电报在当时未能及时推广使用。

三、内燃机的发明和改进

热机按工作方式可以分为内燃机和外燃机两大类。19 世纪内燃机的发展，从燃料的化学能转化为机械功的方式看，走过了从真空机到爆发机再到压缩机的演变。1869 年法国发明家里诺（1821～1900 年）制成了第一台实用的内燃机——二冲程、无压缩、电点火煤气机。1862 年法国工程师德罗沙（1815～1891 年）提出等容燃烧的四冲程循环原理。1876 年德国工程师奥托（1832～1891 年）制成了第一台四冲程往复活塞式内燃机，这是一台煤气机，热效率高达 12%～14%，奥托在 35 年中一直从事内燃机研究，他把热效率提高到 20% 以上，因此，他获得了内燃机发明者的声誉。19 世纪末，用石油产品取代煤气作燃料已成为必然趋势，1883 年德国工程师和发明家戴姆勒（1834～1900 年）制成了高速立式的第一台现代冲程往复式汽油机，1885 年戴姆勒和德国工程师，发明家本次（1844～1929 年）两人以汽油机为动力，分别独立地研制出最早的可供实用的汽车。1889 年戴姆勒制成 V 型双汽缸汽油机，用于汽车并获得专利。1892年德国机械工程师狄赛尔（1858～1913年）发明了柴油机，它是一种结构更简单燃料更便宜的内燃机，被广泛应用于卡车、拖拉机、公共汽车、船舶及机车等，成为重型运输工具中无可争议的原动机。狄塞尔机的问世，标志着往复式活塞内燃机的发明已基本完成。

19世纪随着以电力技术、远程通信技术、内燃机技术为核心包括冶炼技术和有机合成技术等技术群体的产生及推广，新的产业革命如火如荼地在世界范围内迅速扩展，生产力的飞速增长改变了世界的面貌，科学技术作为生产力的职能得到了充分的体现。第二次技术革命与第一次技术革命相比，它呈现出两个特点：第一，科学理论成为技术发明的主导因素，各项主要的电气技术、内燃机技术、冶炼技术和有机合成技术都是在相关理论的指导下发明出来的。第二，科学原理转化为生产力的速度大大加快了，如果说牛顿力学、热力学用了100～200年的时间才完成了理论向技术的渗透或生产的应用，那么，从电磁学理论到电力技术的转移，一般只经历了几十年，甚至十几年。

第六章

现代新兴科学的兴起

现代科学不断分化又不断综合，各门学科之间互相融合，联结成一个统一的、发展着的整体。事实上，法国百科全书派在18世纪下半叶就曾试图把各门科学组合成一个体系。19世纪细胞学说、进化论、能量守恒定律等重大科学发现揭开了自然界的整体性和系统性，物质的统一性和世界的普遍联系性不再是哲学家们思辨的成果，而是自然科学研究的对象。正是这种背景下，当代科学开始了整体化的进程。一方面是自然科学内部各学科的融合交叉，另一方面是自然科学与人文社会科学的综合互补，表现为横断学科、综合学科和交叉学科的大量涌现和蓬勃发展。

第一节　综合科学方兴未艾

一、人类环境和生态意识的觉醒

自从进入工业化时代以来，人类改造自然的能力飞速发展，文明的进程大大加快。人类一方面通过改造自然获得巨大的物质财富，另一方面，对自然资源的掠夺和毫无节制地向自然界排放废弃物使环境受到污染、破坏，形成严重的"公害"，并最终威胁到人类自身的生存。20世纪以来，环境污染问题更加严重。1930年比利时马斯河谷工业区，由于几种有害的气体和粉尘污染了空气造成数以千计的人呼吸道发病，60多人死亡。1952年12月在伦敦烟雾事件中，仅4天就有4000人死亡，事件过后两个月，还陆续有8000人病死。1968年日本多氯联苯污染食用油，致使1万多人中毒。此外在美国发生过多诺拉烟雾事件、洛杉矶光化学烟雾事件；在日本还发生了水俣病事件、四日市哮喘病事件、骨痛病事件等，1970年仅日本一个国家就发生6万多起污染事件。

20世纪60年代人类进入了外太空，能够以更广阔的视角来审视我们的家园。从太空中看地球，使人们认识到地球只是宇宙中的一颗小小的行星，空间和资源都极为有限，是经不起过大的冲击和压力的，否则作为生命维持系统的环境是会崩溃和瓦解的。

环境问题的严重性引起了发达国家人们的高度关切，环境问题成为社会的一个中心问题，迫使人们用新的价值观重新审视自己的行为，呼唤建立新的文明，也就是绿色文明。60年代在欧美发达国家兴起的大规模群众性的反公害环境保护运动形成了环境科学的先声。

1962年美国女生物学家雷切尔·卡逊(1907～1964)的科学读物《寂静的春天》最早向人们发出了警告。她在50年代未用了4年时间研究美国官方和民间关于使用化学杀虫剂环境污染情况的报告，并进行了大量的调查研究，在此基础上完成了这本书的写作。她指出，工业时代的来临导致自然环境迅速被许多化学物理因素组成的人为环境所取代，给生物和人类造成严重威胁。人类制造这些污染物的速度已经超过了自然界自己调整的从容步伐，破坏了生命与其周围环境原来存在的协调和平衡状态，任其发展下去将会出现一个没有鸟儿在树上唱歌和鱼儿在河里欢跳的寂静的春天。更严重的是这些污染物通过食物链进入到人体，人类正在面临前所未有的生存危机。卡逊还具体分析科学技术对环境、生态造成负面影响的原因，认为这是由于征服自然和控制自然的传统观念、对化学杀虫剂的潜在危害缺乏认识和经济实用主义所导致的结果。卡逊认为，克服科学技术给环境和生态造成负面影响的办法，最重要的是必须改变我们征服自然的传统哲学观点，放弃我们认为人类优越的态度，树立"使我们与环绕着我们的世界和谐相处"的新观念。她还在这种新观念的指导下积极提倡对昆虫进行生物控制的生物学方法，以代替对环境和人类有危害的化学控制方法，并主张建立一门新兴的生物控制学。

英国经济学家沃德和美国微生物学家杜博斯为1972年世界环境会议而撰写的背景材料《只有一个地球》是另一本推动环境科学发展的著作。

58 个国家 152 位不同领域的专家向本书提供了专业性意见而增添了它的权威性。这本书以"对一个小小行星的关怀和维护"为副标题,分五个部分阐述了地球是一个整体,科学的一致性,发达国家的问题,发展中国家的问题,地球上的秩序。这本书以大视角探讨环境问题,不仅讨论整个地球的前途,而且从人口过快增长、滥用资源、工艺技术影响、城市化及发展不平衡等社会、经济、政治方面探讨了全球生态系统受到损害的根源和解决问题的途径。

1968 年 4 月,在意大利学者贝切伊(1908～1984)倡议下,意大利、美国、德国等 10 个国家 30 位专家在意大利林赛科学院开会,共同探讨人类当前和未来面临的困境。这是有关生态危机问题的首次国际性的科学讨论,并在这次会议的基础上成立了非官方的国际性组织——罗马俱乐部,就当代社会的人口、粮食、能源、资源和环境等问题进行跨学科的综合研究。美国麻省理工学院教授米都斯向罗马俱乐部提交了第一份研究报告:《增长的极限》。这个报告应用系统方法建立了"零增长模型"或"全球均衡模型",把世界系统中最终决定全球发展的因素——人口增长、工业生产、农业生产、资源消耗和环境污染,作为世界系统模型的五个变量,指出由于这些变量都在以指数增长,人与环境的关系正在趋于恶化,人类面临的危机在今后几十年将达到严重的程度,到 21 世纪某个时候,上述增长将达到极限,从而导致全球性危机。摆脱危机的出路在哪里呢?罗马俱乐部认为"人类与自然日益扩大的鸿沟是社会进步的后果","全新的态度是需要使社会改变方向,向均衡的目标前进,而不是增长"。也就是说,停止人口和经济的增长才能维持全球性平衡。

除了上述学者的研究以外,世界各国也开始协调行动,维护人类生存的环境。1972 年联合国在瑞典首都斯德哥尔摩召开人类环境会议,发表了《人类环境宣言》。1975 年美国科学家布朗在华盛顿成立世界观察研究所,并于 1981 年出版了《建设一个可持续发展的社会》。1983 年成立了世界环境与发展委员会,并于 1987 年提出了一份《我们共同的未来》的研究报告。1992 年在巴西里约热内卢召开了联合国环境与发展会议,通过了《里约热内卢宣言》和《21 世纪议程》。这些会议、宣言、报告和著作都成为可持续发展思想的理论基础。

二、欣欣向荣的环境科学

环境科学是研究近代、现代社会、经济发展过程中出现的环境质量变化的科学，其研究领域包括环境质量变化的起因、过程和后果，并找出解决环境问题的途径和技术措施。

环境科学诞生于 20 世纪 60 年代，到 70 年代为其初创阶段，《只有一个地球》一书的发表是这一时期标志性的成就，它意味着人们环境意识的觉醒。与此同时，人们建立了相关的研究机构，高等学校开始设立环境科学专业，发表了许多专著和出版物。环境科学的主要门类也开始形成，包括环境自然科学、环境社会科学和环境工程技术三大部分，环境科学迈出了决定性的一步。但这一时期的环境科学基本上是按传统模式建立起来的，由于学科壁垒过于明显，因此在解决综合性很强的环境问题时，在理论上和技术上都暴露出一定的局限性。

1987 年世界环境与发展委员会发表关于人类未来的报告——《我们共同的未来》，提出了可持续发展的观点，并以丰富的资料论述了当今世界环境与发展方面存在的问题，提出了处理这些问题的具体的和现实的行动建议。这标志着环境科学的发展进入一个新阶段，主要进展体现在三个方面：

分支学科进一步深化。如环境化学、环境生物学、环境地质学、环境系统工程等相继建立，不同领域的专家应用各学科的理论和方法研究共同的问题——环境问题，形成环境科学的分支学科体系。

从分学科研究到跨学科研究的发展。一系列环境科学的综合性专著发表，标志着环境科学理论正在实现综合。当代人类面临的环境问题、粮食问题、人口问题、能源和资源问题等与科学技术进步和经济发展缠绕在一起，综合运用人类所掌握的全部科学和技术知识进行综合和整体的研究才是解决这些问题的根本途径。

一系列国际性大型综合研究取得进展。1970 年联合国教科文组织第 16 届大会决定设立《人与生物圈计划》，包括我国在内的 100 多个国家参加了这一计划，全球 1 万多名科学家参加了 1000 多项课题研究。1986 年国际科学协会理事会（国际科联）第 21 次大会决定建立大规模国际研究计划："全球变化研究：地圈 - 生物圈计划（IGBP，1990 ~ 2000）"。

该计划动员全球科学力量，利用包括空间技术在内的观测手段，研究地球自然界的变化以及这些变化对人类生存的影响。同年国际社会科学联合会（国际社科联）第 16 次大会也决定成立 IGBP 研究规划组，以广泛的社会科学研究补充 IG-BP 计划。1992 年在里约热内卢召开了联合国环境与发展大会，讨论了环境问题的发生与发展，代表们普遍认识到环境与人类生存与发展的严重威胁，认识到解决环境问题的迫切性。并在环境与人类经济社会协调发展的问题上达成共识，普遍接受了"可持续发展战略"的观点，这是环境科学发展史上的一个重要里程碑。环境科学为正确认识环境问题和解决环境问题提供了科学依据。环境科学实践性的特点也在其历史沿革中得到体现。从环境科学一诞生起，其首要任务就是治理和控制环境污染，恢复已遭到破坏的生态环境；同时预防新的环境污染和生态破坏，创造良好生存环境。在过去 30 年的研究中，在关于全球变化方面和环境保护模式研究方面都取得了重大进展。

目前，人类在全球变化研究方面已取得四项重大进展。首先是关于全球大气增温的研究。确定了其主要原因是由于温室气体的排放；列出了温室气体清单，主要包括二氧化碳、甲烷、臭氧、氧化亚氮、氟里昂等，并对其排放量进行了监测；阐明了温室气体的排放规律；阐明了增温机制，即温室气体是怎样引起全球大气的增温。

其次，臭氧层损耗原因和机理的研究。研究表明臭氧层的损耗主要是由氯化烃及氮氧化物，特别是氯氟烃等进入臭氧层破坏提出了相应的防治对策。1995 年荷兰人克鲁岑由于在臭氧层耗损的原因和机理方面的研究成果而获得诺贝尔化学奖。

第三，酸雨的形成机理及其引起的一系列环境酸化效应。研究表明，酸雨主要是由于人类大量使用矿物燃料向大气中排放的有害气体与大气中的水分进行化学反应而造成的。这些有害气体在大气或水滴中转化为亚硫酸、硫酸和硝酸，然后随着降水到达地表，从而破坏了地表生态系统的平衡。酸雨最早是在北欧的瑞典发现的，当时湖泊的 pH 已下降到 4，湖中的生物根本就不能生存。

第四，全球水污染的研究。在揭示水污染的发生和发展规律，尤其是在点源污染和非点源污染方面的研究取得很大的进展，在对好氧有机物和重金属污染、氮磷引起的湖泊富营养化、微量元素污染、有毒有害的有机化合物污染和治理方面都取得了一定成效。在全球变化问题的研究过程中，人们提出需要改变传统环境保护模式，即由末端控制发展到全过程控制，这意味着环境保护正在从被动治污转向主动防污。1972年联合国人类环境会议以后，各国在环境污染的防治方面都取得了很大的进展。当时的污染防治的措施基本上是在生产流程的最后增设一个污染物处理车间，在生产的最后才解决污染的问题，所以叫做末端控制。到20世纪90年代，人们认识到末端控制并不是一个很好的方法，应该实行清洁生产，即从生产的第一个环节开始，就实行资源最大效率利用，使生产的每一个环节都尽可能少地产生污染。

三、方兴未艾的生态学

生态学ecology一词由德国学者海克尔（1834～1919）于1866年提出，源于希腊文。海克尔认为生态学是研究生物有机体与无机环境之间相互关系的科学。生态学发展至今，其概念的内涵和外延都发生了变化，一般认为生态学是研究生物生存条件、生物及其群体与环境相互作用的过程及其规律的科学，其目的是指导人与生物圈（即自然、资源与环境）的协调发展。

古人在长期的农牧渔猎生产中积累了朴素的生态学知识，诸如作物生长与季节气候及土壤水分的关系，常见动物的物候习性等。公元前4世纪古希腊学者亚里士多德曾粗略描述动物的不同类型的栖居地，还按动物活动的环境类型将其分为陆栖和水栖两类，按其食性分为肉食、草食、杂食和特殊食性等类。亚里士多德的学生公元前3世纪的雅典学派首领奥夫拉斯图斯（公元前372～前287）在其植物地理学著作中已提出类似今日植物群落的概念。公元前后出现的介绍农牧渔猎知识的专著，如古罗马1世纪普林尼（23～79）的《博物志》、6世纪中国农学家贾思勰的《齐民要术》等均记述了素朴的生态学观点。

15世纪以后许多科学家通过科学考察积累了不少宏观生态学资料。18世纪初叶，现代生态学的轮廓开始出现，如雷奥米尔（1683～1757）的6卷昆虫学著作中就有许多昆虫生态学方面的记述；瑞典博物学家林耐（1707～1778）首先把物候学、生态学和地理学观点结合起来，综合描述外界环境条件对动物和植物的影响；法国博物学家布丰（1707～1788）强调生物变异基于环境的影响；德国植物地理学家洪堡创造性地结合气候与地理因子的影响来描述物种的分布规律。

19世纪生态学进一步发展。一方面由于农牧业的发展促使人们开展了环境因子对作物和家畜生理影响的实验研究。如确定5℃为一般植物的发育起点温度，绘制了动物的温度发育曲线，提出了用光照时间与平均温度的乘积作为比较光化作用光时度指标及植物营养的最低量律和光谱结构对于动植物发育的效应等。

另一方面马尔萨斯（1766～1834）于1798年发表的《人口论》一书形成了广泛的影响。费尔许尔斯特1833年以其著名的逻辑斯提曲线描述人口增长速度与人口密度的关系，把数学分析方法引入生态学。19世纪后期开展的对植物群落的定量描述也已经以统计学原理为基础。1851年达尔文在《物种起源》一书中提出自然选择学说，强调生物进化是生物与环境交互作用的产物，引起人们对生物与环境的相互关系的重视，更促进了生态学的发展。20世纪初叶人类所关心的农业、渔猎和直接与人类健康有关的环境卫生等问题，推动了农业生态学、野生动物种群生态学和媒介昆虫传染病行为的研究。由于当时组织的远洋考察中都重视了对生物资源的调查，从而也丰富了水生生物学和水域生态学的内容。20世纪30年代，已有不少生态学著作和教科书阐述了一些生态学的基本概念和观点，如食物链、生态位、生物量、生态系统等。生态学已基本成为具有特定研究对象、研究方法和理论体系的独立学科。

20世纪50年代以来，生态学吸收了数学、物理学、化学、工程技术科学的研究成果，向精确定量方向前进并形成了自己的理论体系。数理化方法、精密灵敏的仪器和电子计算机的应用，使生态学工作者有可能更广泛、深入地探索生物与环境之间相互作用的物质基础。和许多自然科学一样，生态学的发展趋势也是由定性研究趋向定量研究，由静态描述趋向动态分析，逐渐向多层次综合研究发展，与其他学科的交叉日益显著。从人类活动对环境的影响来看，生态学是自然科学与社会科学的交汇点；在方法学方面，研究环境因素的作用机制离不开生理学方法，离不开物理学和化学技术，而群体调查和系统分析更离不开数学方法和技术。在理论方面，生态系统的代谢和自稳态等概念基本上是引自生理学，而由物质流、能量流和信息流的角度来研究生物与环境的相互作用则可说是由物理学、化学、生理学、生态学和社会经济学等学科交汇的结果。

20 世纪 50 年代以来，生态学与其他学科相互渗透相互促进，展现出以下特点：

整体思维成为学科发展的基本取向。这表现在动植物生态学由分别单独发展走向统一，生态系统研究成为主流；生态学不仅与生理学、遗传学、进化论等生物学各个分支以及行为学相结合形成了一系列新的领域，并且与数学、地学、化学、物理学等自然科学相交叉，产生了许多边缘学科；生态学甚至超越自然科学界限，与经济学、社会学、城市科学相结合，成为连接自然科学和社会科学的又一座桥梁；生态系统理论与农、林、牧、渔各业生产、环境保护和污染处理相结合，并发展为生态工程和生态系统工程；生态学与系统分析或系统工程相结合形成了系统生态学。

生态学研究对象的多层次性更加明显。现代生态学研究对象向宏观和微观两极多层次发展，小至分子状态、细胞生态，大至景观生态、区域生态、生物圈或全球生态。在生态学初创时期，其研究对象主要是有机体、种群、群落和生态系统几个宏观层次。今天虽然宏观研究仍是主流，但微观研究的成就同样重大而不可忽视。生态学研究的全球合作趋势更加明显。生态问题往往超越国界，第二次世界大战以后，有上百个国家参加的国际规划一个接一个。重要的有 20 世纪 60 年代的《国际生物学计划》（IBP），70 年代的《人与生物圈计划》（MAB），以及 90 年代的《国际地球生物圈计划》（IGBP）和《生物多样性计划》（DIVERSITAS）。为保证世界环境的质量和人类社会的持续发展，如保护臭氧层、预防全球气候变化的影响，世界各国签订了一系列重要协定。1992 年各国首脑在巴西里约热内卢签署的《生物多样性公约》是近些年来对全球有较大影响力和约束力的一个国际公约，有许多方面涉及了各国的生态学问题。

生态学在理论、应用和研究方法方面获得了全面发展。生理生态学。在 20 世纪 60 年代 IBP 及 MAB 计划的带动下，生物量研究和产量生态学有关的光合生理生态研究、生物能量学研究取得了突出成就。生理生态的研究也突破了个体生态学为主的范围，向群体生理生态学发展。在生理生态学向宏观方向发展的同时，由于分子生物学、生物技术的兴起，生态学也向着细胞、分子水平发展。

种群生态学。动物种群生态学大致经历了以生命表方法、关键因子分析、种群系统模型、控制作用的信息处理等发展过程。植物种群生态学经历了种群统计学、图解模型、矩阵模型研究、生活史研究及植物间相互影响、植物、动物间相互作用研究的发展过程，近期还注重遗传分化、基因流的种群统计学意义、种群与植物群落结构的关系等。德国的罗伦斯和丁伯根在行为生态学的研究方面获得重要成果，把这一领域的研究推向了新阶段；哈帕尔的巨著《植物种群生物学》，突破了植物种群研究上的难点，发展了植物种群生态学，并使长期以来各自独立发展的动、植物种群生态学融为一体。

群落生态学。群落生态学由描述群落结构，发展到数量生态学，包括排序和数量分类，并进而探讨群落结构形成的机理。植被的"连续性概念"得到强调，由于采用数理统计、梯度分析和排序来研究群落的分类和演替，尤其电子计算机的应用，使植物群落生态学的研究进入了数量化、科学化的新阶段。虽然动物群落生态学起步较晚，但也取得了长足的进步，在动物群落结构、组织与物种间相互关系及环境空间异质性的关系方面开展了大量的工作。目前群落资源分享和群落组织两方面已成为动物群落生态学研究的中心问题，群落组织是指决定或塑造群落结构的有关机理，被称之为"新生态学"的一个组成部分。

生态系统生态学。这是生态学与系统科学和计算机科学相结合，使生态系统研究获得新的方法和思路，从而具备处理复杂系统和大量数据能力的必然结果。它丰富和发展了生态学的理论，在其发展过程中，也提出了许多新的概念，如有关结构的关键种、有关功能的功能团、体现能、能质等，都有力地推动了当代生态学的发展。

应用生态学。这是联结生态学与各门类生物生产领域和人类生活环境与生活质量领域的桥梁和纽带。近20多年来呈现出两个趋势：一是经典的农、林、牧、渔各业的应用生态学由个体和种群水平向群落和生态系统水平的深度发展，如对所经营管理的生物集群注重其种间结构配置、物流、能流的合理流通与转化，并研究人工群落和人工生态系统的设计、建造和优化管理等。二是由于全球性污染和人对自然界宏观控制管理的宏观发展，如人类所面临的人口、食物保障、物种和生态系统多样性、能源、工业及城市问题方面的挑战，应用生态学的焦点已集中在全球可持续发展的战略战术方面。

在研究技术和方法上，生态学取得的进展主要包括：遥感在生态学上已普遍应用，近20年来遥感的范围和定量发生了巨大的变化，尤其是对全球性变化的评价，促使遥感技术去记录细小比例尺的变化格局。用放射性同位素对古生物的过去保存时间进行绝对的测定，使地质时期的古气候及其生物群落得以重建，比较现存群落和化石群落成为可能。现代分子技术使微生物生态学出现革命，并使遗传生态学获得了巨大的发展。在生态系统长期定位观测方面，自动记录和监测技术、可控环境技术已应用于实验生态，直观表达的计算机多媒体技术也获得较大发展。无论基础生态学和应用生态学，都特别强调以数学模型和数量分析方法作为其研究手段。

第二节　交叉科学突飞猛进

一、交叉科学发展的脉络

自然科学内部各学科之间、自然科学与社会科学各学科之间、社会科学内部各学科之间融合交叉，产生大量交叉科学，是 20 世纪科学史上的一个奇观。从知识层面来看，随着科学的进步，自然界、人类社会的联系和发展越来越显现出整体性。学科划分过细，专业壁垒森严的状态已不再能适应人类知识发展的需要。作为认识的工具，当代科学越来越重视综合性研究，新兴交叉科学如雨后春笋般地大量涌现，这不仅改变了现代科学的总体结构，而且加速了科学知识在高度分化基础上的高度整体化进程。从社会层面来看，随着现代社会的发展，人类面临着越来越多涉及自然因素和社会因素的综合性复杂问题，如能源问题、资源问题、环境问题、人口问题、复杂工程的管理问题、科技－经济－社会协调问题及各种全球性问题。这些问题的解决需要自然科学工作者和社会科学工作者联合起来，综合运用自然科学和社会科学的理论和方法。这些因素实际上就是不断产生新的交叉科学的重要生长点。可以预料，随着科学技术的发展，随着人类实践活动的不断深入，还会产生更多的综合性、复杂性问题，还将催生更多的交叉科学的诞生。

交叉科学大致产生于近代科学的早期阶段，即 17 世纪中后期。1670年法国的莱莫瑞（1645～1715）首次提出植物化学和矿物化学概念，给予最初的交叉科学具体学科名称。1690 年，英国的经济学家威廉·配第（1623～1687）的著作《政治算术》的出版，走出了自然科学各大学科之间的壁垒，实现了大的学科体系之间的交叉，在历史上第一次提出用数学和统计学的方法研究经济问题。但在整个近代时期，出现的交叉学科多半限于自然科学的内部交叉，或数学向自然科学的渗透。如18世纪先后出现的植物静力学、植物动力学、解析力学。19世纪交叉科学的发展较18世纪有较大进步。自然科学下属二级类学科之间的交叉相对增多，如天文分光学、光化学、晶体光学。还有自然科学下属二级学科内的交叉也开始出现，如微分几何、临床内分泌学等。另外，自然科学和其他（如横向学科）的学科的交叉也在19世纪晚期开始出现，如生物统计学。这时以自然科学和社会科学某些学科交叉的名称形式也开始出现了，如道尔顿（1766~1844）的化学哲学概念和拉马克（1744~1829）发表的《动物哲学》一书。严格地说，这些并不是真正的文理交叉学科，而是一些科学家在解释自己的理论时，寻求某种社会科学理论依据的做法。虽然它们不是本文所说的典型意义的交叉学科，但却使我们看到了始于19世纪早期的文理学科交叉发展的某些先兆。

交叉科学真正大发展是20世纪以来出现的。据初步估算，在不到一百年的时间里，产生了2300多个交叉学科。到目前为止，交叉学科总量约占全部学科总数的一半左右。统计显示，社会科学的交叉学科约571个，自然科学（实指自然科学的基础科学）2147个，技术科学711个，综合科学约2008个……从四大系统交叉学科的统计数字来看，自然科学和综合科学系统中的交叉学科发展最为迅速。

交叉科学的繁荣不仅表现在自然科学系统中，还表现在自然科学和社会科学的合流。一系列综合科学，如环境科学、生态科学、能源科学、城市科学等，需要自然科学家和社会科学家协同作战共同探索。数学和语言学是两门最古老的学科，它们被喻为人类文明的一对翅膀，似乎构成了人类知识宝库的两极，语言学家兼数学家的学者是极其罕见的。然而，现代两者已紧密地联系起来，形成了一门新学科——数学语言学。人们开始利用电子计算机进行文学研究。还有数学和经济学相结合产生的计量经济学。

交叉科学几乎在所有大的学科领域都成了主要的发展趋势。自然科学中，交叉学科已占该系统全部学科的80%；社会科学中交叉学科占该学科总数的40%多；技术科学则占63%多。综合科学本身就是各个学科综合交叉的产物。这是人类仅用了几十年的时间在科学领域造就的一大奇观。除了迅速增长的特点以外，交叉科学还呈现出由平面线性交叉向立体网络交叉的发展态势，其表现形式就是"大科学"的出现。由不同学科移植、融合、交叉所形成的网络并非是各学科的无序拼凑、简单汇集，而是按照一定科学目的和内在机制形成的有机系统。这个大系统的核心是基础科学。在空间上，基础科学作为母体向纵深方向无限延伸，构成纵向的递阶系列。同时由于物质的统一本质，各个学科之间又交汇融合形成横向的网络结构。在时间上，随着时间的推移，在科学发展的逻辑的链条上又构成了前沿学科不断更替的无穷系列。这种由空间上的纵向、横向整合和时间上的无穷系列交织成的有机体系，人们称之为"大科学"。

交叉科学发展的第三个特点是理论的综合走向综合性理论。20世纪以来，在许多领域，由于各门学科在发展过程中彼此接触，而产生出"相干""共振""融合"或者"吸附""嵌入"等关系，从而形成了综合性理论。如分子生物学就是生物学、化学和物理学交汇形成的综合理论，成为生物学上的一次革命。又如核科学就是物理学、化学和生物学紧密交叉形成的综合性理论。现代管理学也是行为科学、系统科学、计算机技术等理论和技术的综合。

综合性理论的出现还表现为统一性理论的产生。在生物学领域，主要以胚胎学和进化论为中心形成的综合性理论——综合进化论，使不同方面和不同学科，如种群遗传学、细胞遗传学、分子遗传学、生物化学遗传学、选择理论、数学进化论、古生物学、胚胎学、生态学、生物地理学和许多有机界进化规律的其他学科理论、方法有了统一的理论基础。地学领域中的新全球构造理论——板块构造学说，是对大陆漂移说、海底扩张说的统一性理论。在数学领域，19世纪后期德国数学家克莱因提出用"群"的观点来统一各种几何学的厄兰格计划；19世纪与20世纪之交出现了公理化运动，以公理系统作为数学统一的基础；20世纪20年代美国伯克霍夫（1884～1944）提出用"格"来统一代数系统的新理论；30年代法国布尔巴基学派，继承公理化运动，把数学的核心部分统一在结构概念之下使之成为一个整体；与此同时，美国麦克莱恩和艾伦伯格提出以"范畴"与"函子理论"作为统一数学的基础。在现代物理学领域中，从30年代起人们开始探索用统一的理论和方法，把自然界的四种相互作用统一起来，目前在弱相互作用和电磁相互作用的统一理论方面已取得重大成就。

与知识的融合和交叉相适应，科学活动的组织形式也发生了变化，科学家们由分散的、专业汇聚式的研究转变为不同学科整合、优势互补的协作模式。如20世纪40年代维纳组织各种学科的科学家共同合作创立了控制论。他与生理学家罗森勃吕特等人组织了每月一次的科学方法论的讨论会进行学术探讨，参加讨论的有数理逻辑、生物学、心理学、医学、计算机、统计力学、无线电通信和工程技术等方面的专家。第二次世界大战中，英国组织了大批自然科学家，包括物理学家、数学家、生理学家、测量学家、天文学家和军事学家参加的有"马戏团"之称的混合组织，创立了多学科的综合性学科——运筹学。又如电子计算机也是组织包括数学家、控制论专家、电子学家、机械工程师、生理学家、语言学家、数理逻辑专家、心理学家等各方面专家多学科会战的结果。

二、交叉科学兴起的历史背景

现代科学和技术革命为各门科学的交叉综合奠定了科学基础。社会发展所提出的诸多综合性问题，是现代交叉科学兴起和发展的强大推动力。现代科学的综合化、整体化、数学化思想的形成，是交叉科学迅速发展的思想条件。

以19世纪末20世纪初的x射线、放射性和电子三大发现为开端的现代物理学革命，在20世纪初的20年中，相继诞生了爱因斯坦相对论和量子理论。在物理学革命的影响下，20世纪50年代分子生物学诞生，标志生物学领域发生了一场深刻的革命。当代技术革命是从第二次世界大战前后开始的。主要包括信息技术、新材料技术、新能源开发技术、海洋开发技术、航天技术和生物技术六个方面内容。同时系统科学也应运而生并取得重大进展。

首先，现代物理学革命在微观领域里所取得的巨大成功，为解释宏观过程的发生机制提供了坚实的基础，量子力学的理论与方法迅速渗透到各门经典科学中去，物理学、化学、生物学因而找到了统一的基础——微观粒子运动的规律。原子物理学、量子化学、量子生物学、固体物理学、粒子物理学等学科相继建立，并在此基础上来发展各项技术，从而极大提高了人类认识自然和改造自然的能力。

其次，相对于经典科学，现代科学理论具有更广阔的普适性。如牛顿力学只能解释宏观低速物体的机械运动，而相对论不仅适用于低速运动过程，而且适用于高速运动过程。同样量子力学、分子生物学、物质结构论等，都大大拓展了所属领域的解释范围，这种较大的普适性致使其被广泛应用于各个领域，形成相互渗透融合的趋势。

第三，新技术为科学发展提供了有效的手段，同时也向科学提出了更多更复杂的问题，从而促进了交叉科学的发展。激光技术与原有学科的杂交形成一批如激光物理、激光化学、激光大地测量学、激光计量学等交叉学科。电子计算机的不断发展，产生了诸如系统仿真技术、专家咨询系统，为决策科学化提供了技术手段。控制论、信息论、系统论、耗散结构论、协同学、紊乱学等自组织理论与这些技术手段结合产生的研究成果，为逻辑模型的建立以及决策的定量研究，提供了有效工具。所有这些都是自然科学与社会科学交叉融合所取得的成果。

数学化是 20 世纪科学发展的一个重要特征。在当代自然科学中，数学方法已被广泛地应用于各门学科的研究之中，使其普遍处于计量化的过程。所谓数学化一方面表现在各门科学中运用数学方法，体现着科学之间的相互联系；另一方面表现在运用数学方法解决实际问题，成为科学理论和实践的中介。现代数学不仅被普遍用于描写物理实践，而且广泛渗透到生物学、医学等学科中。数学方法也越来越丰富，早期大多使用微分方程、概率论、数理统计等，现在则有了集合论、抽象代数、矩阵论、拓扑学和信息论等。数学化的创造性不断提高，加速了数学和其他学科交叉的进程。这一方面表现为科学的数学化，另一方面表现为数学的机器化。电子计算机是数学与机器的结合，这种"机器"数学的加强与扩展，成为现代数学的一个重要特征。电子计算机对于非线性、非均匀性和几何非规则性方程的求解，在原则上没有不可逾越的障碍，在数值计算方法上拥有巨大潜在的解题能力，这为数学和其他学科交叉，提供了广阔的应用前景。

总之，当代科学技术正在不断扩展和深化，一方面，自然界、人类社会和人的思维活动越来越展现出普遍联系和不断发展的本质，展示出它们内在的统一性。另一方面，世界的多样性和复杂性又呼唤人们用多样化手段和复杂性思维去认识、去把握。各门科学在追寻世界的统一性的进程中，最终将殊途同归。正如马克思所预言的那样："自然科学将包括关于人的科学；同时，关于人的科学将包括自然科学；这将是一门科学。"

第七章

现代高技术与第三次技术革命

当代科学革命发端于 19 世纪末 20 世纪初的物理学革命。X 射线、放射性、电子等发现，以太漂移实验的否定结果和黑体辐射能量分布理论解释的困难，从根本上动摇了以牛顿力学为基石的经典物理学理论。相对论和量子力学的建立是物理学革命的伟大成果，将对物理世界的认识，从宏观物体、低速运动，推进到微观粒子、高速运动的领域。以当代科学革命为基础的第三次技术革命产生于 20 世纪 40～60 年代并引发了高技术。所谓高技术是指在第三次科技革命中涌现出来的、以科学最新成就为基础的、知识高度密集的、对经济和社会发展起先导作用并具有重大意义的新兴技术群，主要包括信息技术、材料技术、能源技术、生物技术、空间技术等。高技术是具有知识高度密集、高经济效益和高社会效益的技术，高技术对于技术、经济、社会发展具有高战略价值的主要特点。高技术的发展水平，已经成为衡量一个国家综合国力的主要标志。

第一节　信息技术

信息技术的核心内容包括信息的获取、传输、处理和应用。信息技术的发展大致经历了古代信息技术、近代信息技术和现代信息技术 3 个不同的发展时期。自 20 世纪 60 年代开始随着微电子技术、电子计算机科学的发展，信息的获取、传递、加工、处理、存储等方面发生了革命性的变化，逐步形成了现代信息技术。

一、计算机技术

计算机是由电子元器件及相关设备和系统软件组成的自动化的系统机器。现代电子计算机可完成算术运算、逻辑操作、数据处理、符号处理、图像处理、图形处理、文字处理、逻辑推理等功能，它的用途非常广泛，目前计算机几乎广泛运用于所有的行业和领域。世界上第一台电子数字计算机 ENIAC 于 1946 年在美国宾夕法尼亚大学莫尔学院研制成功，总共用了 18000 多只电子管，功耗大约为 150 千瓦，总重量达 30 吨，运算速度为 5000 次／每秒。功耗和重量都特别大，但它是计算机发展史上的一个重要的里程碑，它的诞生拉开了电子计算机和信息技术高速发展的序幕，在科学技术史上具有划时代的意义。

计算机的发展已经历了四代，第一代是使用电子管的数字计算机（1945～1956），第二代是使用晶体管（1956～1963），第三代是使用中、小规模集成电路（1964～1971），第四代是使用大规模集成电路（1971～？），第五代计算机可能会出现光计算机、化学计算机、生物计算机、量子计算机、智能计算机、神经网络计算机等。但我们相信计算机科学的发展很快会迎来一个又一个新的里程碑。第五代计算机，一般认为有这样一些主要特点：以高性能微处理器为硬件基础；具有网络计算机环境；应用图形和多媒体技术；系统软件是标准通用的软件平台；有自然友好的人机界面；体积小、功效高、可靠性强、能类似人的大脑进行逻辑思维推理等。第三次技术革命的核心技术是电子计算机技术，电子计算机是一种代替人的脑力劳动的机器，它不仅运算速度快，处理数据量大，而且能部分模拟人的智能活动。它的出现使人类社会的信息处理方式发生了翻天覆地的变化，从根本上改变了现代社会的发展进程。为电子计算机奠定基础的是电子技术，而计算机的出现则带动了一大批高新技术的发展，使人类进入了信息时代。

二、微电子技术

微电子技术是微小型电子元器件和电路的研制、生产以及系统集成的技术，它是现代信息技术的基础，也是电子计算机的核心技术之一，在微电子技术领域中，最主要的是集成电路技术，现代微电子技术是随着集成电路技术，特别是大规模集成电路技术的发展而发展起来的一门新兴技术，与传统的电子技术相比，微电子技术不仅可以使电子设备和系统微型化，更重要的是引起了电子设备和系统的设计、工艺、封装等方面的巨大变革。传统元器件如晶体管、电阻、连线等，都将在硅基片内以整体的形式互相连接，设计的出发点不再是单个元器件，而是整个系统或设备。

1947年美国电话电报公司的贝尔实验室的三位科学家巴丁（1908～1991）、布赖顿（1902～）和肖克莱（1910～1989）制成第一支晶体管，它是微电子技术诞生的标志，开始了以晶体管代替电子管的时代，晶体管的出现也拉开了集成电路的序幕。1958年出现了第一块集成电路，微电子产业经过40多年的快速发展，带动了现代通信、网络等产业的高速发展，人类社会进入了信息时代，微电子技术是现代信息社会的基石。

集成电路在短短40年的发展中，经历了中小规模、大规模和超大规模集成时代，目前已进入了特大规模集成电路和系统芯片时代，集成的元件数从当初的十几个发展到目前的几亿个甚至几十亿个。集成电路的出现打破了电子技术中器件与线路分离的传统，开辟了电子元器件与线路甚至整个系统向一体化发展的方向，为电子设备的提高性能、降低价格、缩小体积、降低能耗提供了新途径，也为电子设备的迅速普及、走向大众奠定了基础。

集成电路的原材料主要是硅，它是地球上除氧以外最丰富的元素，目前世界上95％以上的半导体器件是用硅制成的。一是硅占地壳总重量的27.7％，取材方便，成本相对低廉；二是硅禁带宽度较大，掺杂后做成的器件随温度变化比其他半导体材料要小得多，且器件性能较稳定；三是硅机械强度高，结晶性好，用其提炼和制成单晶的工艺较成熟。这种经过人们设计和一系列的特定工艺技术加工后的硅元素，能将体现信息采集、加工、运算、传输、存储和执行功能的信息系统集成并固化在硅片上，成为微电子技术的基础。

集成电路被广泛应用于计算机中。正是由于集成电路的出现才使计算机成为信息科技的核心，集成电路被广泛应用于社会的各个行业，传统工业经过应用微电子技术改造，就可以转变为数控设备，其加工水平、加工精度和效率将大幅度提高，效益大大增加。目前微电子芯片已经成为现代工业、农业、国防和家庭耐用消费品的细胞。据估算，集成电路对国民经济的贡献率远远高于其他门类的产品，如果以单位质量钢筋对GNP的贡献为 1 计算，则小汽车为 5，彩电为 30，计算机为 1000，而集成电路的贡献率则高达 2000。几十年来，世界集成电路业的产值以大于13%的年增长率持续发展，世界上还没有哪一个产业能以如此高的速度持续增长。因此国际上普遍认为：谁控制了超大规模集成电路技术，谁就控制了世界产业。

随着微电子技术的发展和微型计算机的产生，信息技术的应用得到极其广泛的普及，人类社会将以微电子技术的发展而进入更为深远的信息时代，给人类带来更深远的信息革命。

三、通信技术

1. 数据通信

电子计算机与通信技术的结合产生了一种新的通信方式——数据通信。所谓数据通信，就是集数据的处理与传输为一体，实现数字信息的接收、存储、处理和传输，并对信息流加以控制、校对和管理的一种新型通信方式。计算机与通信线路及设备结合起来实现人与计算机、计算机与计算机之间的通信，从而极大地扩展了计算机的应用范围，提高了计算机的利用率，使各用户实现计算机软硬件资源与数据资源的共享。

数据通信网是用于数据通信的通信网，它又分为专用数据网和公用数据网。专用网的发展使用开始于 20 世纪 70 年代以前，目前使用仍比较普遍。公用数据通信自 20 世纪 70 年代开始建立并得到迅速发展，一般采用分组交换和电路交换两种交换方式，分组交换能提高电路的利用率，更灵活地满足实时数据通信的要求。

数据网的建立和发展是我国"八五计划"的重点项目。我国国内分组交换网已于 1989 年 11 月正式使用，各大城市间已开通了数据通信业务，利用这个网还能进行国际数据库的联网检索。在通信发达的国家，用户只要携带一台袖珍式电脑，与国际长途直拨电话线相连，就可以与全球任何地方进行数据信息的交换。

2. 光纤通信

光纤通信是利用激光作为信息载波、光导纤维作为载体的通信。

1960年激光技术出现后,焦点集中在通信媒介的研究上。经过几年的努力,发明了光纤这种光传播媒介。光纤是一根双层同心的石英玻璃丝,中心的玻璃丝称为纤芯,其光折射率较低,外层玻璃叫做包层,其光折射率比纤芯高。纤芯和包层的折射率有差别,是为了光线在纤芯和包层之间产生全反射,使光线封闭在纤芯中通过全反射进行传播。

光纤的抗拉强度大,由千百根光纤组合制成的光缆具有寿命长、结构紧凑、体积小、性价比高、损耗低、传送距离远、使用地域广、重量轻、绝缘性能好、保密性强、成本低等优点。光纤能传送声音和图像信号,是建立综合业务数字网(ISDN)的最佳技术手段。

激光具有方向性强、频率高且稳定等特性,是进行光通信的理想光源。与电波通信相比,光纤通信能提供更多的通信通路。从理论上讲,用激光传输信息容量要比微波通信的容量大1万倍,可满足大容量通信系统的需要。现在最先进的光纤可以达到1根光纤就可以传输50兆比特/秒。而全球所有的语音电话的通话总量才1兆兆比特/秒,仅用一根光纤来传输世界上所有语音通话就绰绰有余了。如果全世界每人都配备10M比特/秒的调制解调器,实现电视图像的网上传输,总数据流量为66666兆兆比特/秒,只需要1333条光纤就可以实现了。光纤通信为人类提供了过去难以相信的巨大通信容量和超高速率。光纤是信息传输的超高速公路。

3. 卫星通信

卫星通信是地球上的无线电通信站之间利用人造卫星作中继站而进行的通信。1945年,英国人克拉克大胆地提出了利用3颗地球静止轨道人造卫星进行全球通信的设想。专门用做通信的人造卫星通称通信卫星。1960年以来卫星通信得到了迅速发展。今天通信卫星作为空间技术和无线电通信技术的巧妙结合,得到了飞速发展,成为各种卫星中最早投入商业市场、效益最为显著的一种。通信卫星具有通信距离远、覆盖面积大、不受地理条件限制、通信信道质量高、容量大、费用省、组网灵活、迅速等优点,已广泛应用于国际、国内或区域通信、军用通信、海事通信、电视广播及航天器的跟踪和数据中继等方面,对世界范围的信息交流、各国经济发展及物质文化生活水平的提高,起到了极为重要的作用。

一个卫星通信系统由通信卫星和地球站组成。通信卫星在距赤道上空 35786 千米的轨道上与地球的自转同步运行（同步是指卫星环绕地球运行一周的时间与地球自转一周的时间相同），而此轨道的平面与赤道平面的夹角保持为零度，使卫星相对地面静止不动，称为定点同步卫星。20 世纪 80 年代通信卫星领域中最有意义的成就之一是其小卫星数据站（VSAT）的发展，将对今后通信的发展起巨大推动作用。

我国的通信卫星研制始于 20 世纪 70 年代，1984 年发射了第一颗通信卫星。经过 30 多年的不懈努力，形成了自己的通信卫星系列，其技术已接近国际先进水平，在轨应用的国产通信卫星为我国的经济生活和政治活动提供服务，产生了明显的社会效益和经济效益，推进了我国的改革开放和经济建设。

4. 移动通信

移动通信是移动体之间或移动体与固定体之间的无线电信息传输与交换。移动通信的发展是基于微电子技术及通信技术的迅猛发展，使无线电通信产生了革命性的变化。1978 年以来，美国、日本和瑞典等国先后开发出一种同频复用、大容量小区制的移动电话系统，它的工作频段是 900 兆赫，能在全地域自动接入公共电话交换网。这是最早的蜂窝移动电话系统。现代移动通信系统还包括多信道无中心选址通信系统及集群通信系统。20 世纪 80 年代又研制出数字式蜂窝移动通信系统。数字移动电话能大大提高频道的容量，具有通信质量好、保密性强、兼容性强等优点，另外还具备国际漫游功能。

蜂窝移动电话还包括无线寻呼电话和无绳电话，也属于无线移动通信的范畴。无线寻呼通信是现代移动电话的前身，由于现代移动电话业务的高速发展，如今基本上已淘汰。无线电话作为移动通信的一种方式，发展迅速，普及性强。现代移动通信技术已逐步发展完善为环球移动卫星电话系统，即人们俗称的"全球通"，使地球上的每个角落不因距离遥远或偏僻都能发送或接收电话、传真、数据传输等多种通信服务。

四、网络技术

计算机网络就是利用通信设备和线路将地理位置不同的、功能独立的多个计算机系统互联起来，以功能完善的网络软件（即网络通信协议、信息交换方式、网络操作系统等）实现网络中资源共享和信息传递的系统。网络发展经历了面向终端的网络；计算机—计算机网络；开放式标准化网络三个阶段。

1. 计算机网络的分类

按网络的分布范围分，有广域网 WAN、局域网 LAN、城域网 MAN；按网络的交换方式分，有电路交换、报文交换、分组交换；

按网络的拓扑结构分，有星形、总线形、环形、树形、网形；按网络的传输媒体分，有双绞线、同轴电缆、光纤、无线；按网络的信道分，有窄带、宽带；按网络的用途分，有教育、科研、商业、企业；按网络的协议标准分，有 IEEE 的 802 系列，TCP／IP 协议等。

2. 计算机网络的应用

办公自动化 OA；电子数据交换 ED1；远程交换；远程教育；电子银行；电子公告板系统 BBS；证券及期货交易；广播分组交换；校园网；信息高速公路；企业网；智能大厦和结构化综合布线系统。

3. 互联网的发展和应用

互联网是由电话网和计算机网相互连接而形成的远程通信及信息处理网络，人们通常称为因特网。1969 年的 ARPANET、ARM 模型，早于 OSI 模型，低三层接近 0S1，采用 TCP／IP 协议。1988 年的 NSFNET、OSI 模型，采用标准的 TCP／IP 协议，成为互联网的主干网。两种服务公司：进入因特网产品服务公司 ISP，因特网信息服务公司 ICP。

因特网发展经历了 20 世纪 60 年代起源阶段的 ARPANET；70 年代初级阶段的 TCP／IP；80 年代基础阶段的 NSFNET；90 年代发展阶段的 INTER-NET；21 世纪普及阶段的 INTERNET。

互联网使信息的收发和处理变得十分方便，能将语音、图像、文本、数据、传真、电子邮件等多种信息从信源传到千家万户，甚至还可以将编程的信息用于控制机器进行生产。借助互联网通信实现了国际化，并与经济全球化相适应，产生了电子商务，网上交易等各种服务，以网络为核心的新信息经济时代已经到来。互联网革命性地改变了人类的生活方式和生产方式，是人类发展史上的又一次伟大变革。

第二节　材料技术

　　人类社会发展的历史证明，材料是人类生存和发展、征服自然和改造自然的物质基础，是人类社会现代文明的重要支柱，是经济发展和社会进步的决定性因素。纵观人类利用材料的历史，可以清楚地看到，每一种重要新材料的发现和应用，都把人类支配自然的能力提高到一个新的水平。材料科学技术的每一次重大突破，都会引起生产技术的革命，大大加速社会发展的进程，并给社会生产和人们生活带来巨大的变化，甚至成为时代划分的标志。

　　材料是指能够直接用来制造各种产品的物质。材料的分类有很多种，但就大的类别来说，可以分为金属材料、无机非金属材料、有机高分子材料及复合材料四大类。按材料的使用性能来分，可分为用于力学性能的结构材料与用于光、电、磁、热、声等性能的功能材料两大类；从材料的应用对象来看，可分为信息材料、能源材料、建筑材料、生物材料、航空航天材料等。

一、金属材料

　　金属材料分为黑色金属和有色金属两大类。黑色金属是指铁、锰、铬及其合金。钢铁是黑色金属的主体。100多年来钢铁一直紧密联系着各国的工业化进程，是工业化建设的基本结构材料，也是反映一个国家工业化水平的主要标志之一，钢铁的生产能力也被视为衡量一个国家经济实力的尺度。由于钢材具有良好的物理与机械性能、资源丰富、价格低廉、工艺性能好、便于加工制造等优点而备受工业界的青睐。

　　黑色金属以外的金属统称为有色金属，有色金属约有80余种，它们在地壳中含量少，开采和提取比较困难，其共同特点是比重大、熔点高，化学性质稳定，能抵抗酸、碱腐蚀（银和钯除外），价格都很昂贵。稀有金属通常是指那些在自然界中含量少，分布稀散或难从原料中提取的金属，如钨、钼、锆、钛等。由于有色金属具有导电、导热、耐热、耐腐蚀、化学性能稳定、工艺性能好、比重小等优点，被广泛应用于电气、机械、化工、电子、轻工、仪表、飞机、导弹、火箭、卫星、核潜艇、原子能、电子计算机等工业、军事和高科技领域。

二、无机非金属材料

无机非金属材料是指除金属以外的无机材料，主要有陶瓷、玻璃、水泥、耐火材料等，因为其都含有二氧化硅，所以又称为硅酸盐材料，它们具有耐高温、耐辐射、抗腐蚀及特殊的光学、电学性能。

三、高分子材料

高分子是由碳、氢、氧、氮、硅、硫等元素组成的分子量足够高的有机化合物。高分子材料是由分子量高达几千、几十万甚至几百万的含碳化合物组成的材料。自然界中存在的高分子材料有棉花、羊毛、蚕丝、天然橡胶、蛋白质、淀粉等。20世纪初采用化学方法合成高分子材料，随着第三次技术革命爆发，高分子材料已步入工业化生产。人工高分子材料主要有塑料、合成纤维、合成橡胶、涂料、胶粘剂、离子交换树脂等。其中塑料、合成纤维、合成橡胶被称为现代高分子三大合成材料。

高分子材料具有性能好、制造方便、原料丰富、加工简易等优点，因而广泛应用于工业、农业、国防、科技等领域及人们的日常生活。应用最广泛的是塑料、合成纤维、合成橡胶。20世纪70年代，塑料产量从体积上已超过钢铁。如今高分子材料已经不再是金属、木、棉、麻、天然橡胶等传统材料的代用品，而是国民经济和国防建设中的基础材料之一。

高分子材料能迅速发展的原因是：原料丰富、资源广、价格低，如煤、天然气、石油、农副产品等均可作为其原料；制造简便、效率高，只需经过单体合成、精制、聚合两三道工序；高分子材料加工成型，比金属方便、省工、省料；生产高分子材料耗能低，经济性价比高。

第三节　能源技术

在人类文明史上，能源技术领域中的每一次重大突破都对社会和经济的发展产生了深远的影响。21世纪的能源技术不会沿袭20世纪传统的方式无限制地发展下去，可持续发展的概念将贯穿于当今能源技术的发展观之中。

一、能源技术的发展历程

能源技术是指开发和利用能源的技术。人类开发和利用能源有着悠久的历史，能源结构发生过多次变革，根据发展经历分为开发利用柴薪、煤炭、石油和新能源为主的四个历史阶段。

1. 柴薪时代

100多万年前，我们的祖先就学会了利用自然火，开始了自觉开发和利用能源的历史。经过漫长的劳动实践，又发明了人工取火方法，从而大大地提高了开发和利用柴薪能源的能力，加快了人类的进化，导致了制陶技术的产生，进而促成了金属时代的到来。

2. 煤炭时代

大约在2000多年前，人类学会了开发和利用煤炭能源，但相对柴薪能源，始终处于次要地位，直到18世纪资本主义产业革命发生，随着蒸汽机的发明和广泛利用，煤炭能源才逐步取代柴薪能源成为人类开发和利用的主导能源，实现了能源发展史上的第一次革命。第一次技术革命的爆发使煤炭登上了能源历史的舞台。

3. 石油时代

开发和利用石油、天然气等能源的历史悠久，但长期处于次要地位，直到19世纪资本主义第二次产业革命所引发的电力、钢铁冶炼、铁路技术，特别是内燃机技术的大发展，汽车和内燃机的推广和应用，石油、天然气终于取代煤炭成为人类的主导能源，实现了能源发展史上的第二次革命，也为科学技术的迅猛发展提供了保障。

4. 新能源时代

资本主义工业化以来，人类对常规能源无限制地开发利用，导致常规能源逐渐枯竭，越来越不能满足人类发展的需要，尤其自20世纪70年代以来，人类意识到环境在进一步恶化，生态平衡遭到破坏，甚至因为能源问题引发全球化问题，引起社会动荡、局部战争等。煤炭、石油、天然气等化石能源面临如何提高利用率、节约能源、减少对生态的破坏和环境的污染。另外，要积极开发新能源，以蕴藏量丰富、可再生、无公害的新能源取代化石能源。各国都把新能源的开发利用作为 21 世纪发展战略的重要目标。

二、能源的分类

能源指自然界中存在并可能为人类用来获取能量的自然资源。依据不同的分类标准，可以将能源分为不同种类。

按其来源可分为：太阳能及相关的化石能源（如煤、石油、天然气等）、生物质能、水能、风能、海洋能等；地球能（如地热能、原子核裂变能、原子核聚变能）；地球、月亮、太阳之间相互运动所形成的能，如潮汐能等。

按其可否再生可分为可再生能源如风能、水能、太阳能、海洋能等；不可再生能源如煤、石油、天然气、原子能等。

按其被应用的程度可分为常规能源（如广泛应用的煤、石油、天然气等）；新能源（即新开发或利用先进科技获得的能源），如受控热核裂变能、受控核聚变能、太阳能等。

三、新能源技术的开发利用

在化石能源与新能源的交替时期，世界各国对新能源技术的开发利用的积极探索，取得了显著的成效。依靠科学技术进步是解决能源问题的关键，当今开发利用的主要有洁净能源、节约能源和新能源。

1. 洁净能源技术

洁净能源技术包括洁净煤技术、洁净核能技术等。这里着重介绍洁净煤技术。洁净煤技术是指减少污染和提高效率的煤炭加工、燃烧、转换和污染控制等新技术的总称，是当前世界各国解决环境问题主导技术的一个重要领域。其主要优点：一是可以大幅度减少大气污染物二氧化硫、二氧化碳等的排放，减轻对环境保护的压力，从而在环境允许的条件下，扩大煤炭利用，减少其外部成本，保证经济持续增长；二是可以大大提高煤炭利用效率和经济效益，降低对煤炭的耗损和浪费，延长煤炭为人类社会发展做贡献的时间；三是可以为人类能源体系由以不可再生能源为主导过渡到以可再生能源为主导的划时代转型提供必要的能源保障。

洁净煤技术包括：燃烧前、燃烧中、燃烧后三方面的净化技术及废弃物处理技术。燃烧前的净化技术。其中有洗选处理即除去或减少原煤中所含的灰分、硫等杂质，并按不同煤种、灰分、热值和粒质分成不同品种等级，以满足不同用户需要的方法，型煤加工即用机械方法将粉煤和低品位煤制成具有一定粒度和形状的煤制品，制水煤浆即把灰分很低而挥发性高的煤，通过一定的技术手段变成煤浆的过程。这是减少污染物排放的最经济有效的途径，是国际公认的洁净煤技术的重点。燃烧中的净化技术。一是改进电站锅炉、工业锅炉以及窑炉的设计和燃烧技术；二是采用流化床燃烧器，其作用都是减少污染物排放，提高煤的使用效率，是洁净煤技术的核心。燃烧后的净化技术，主要包括烟气除尘、脱硫、脱氮等技术，是控制煤炭燃烧过程中污染物排放的最后一个环节。煤炭的转化利用技术是以化学方法为主，将煤炭转化为洁净的燃料或化工产品，包括煤炭气化、煤炭液化和燃料电池，以提高煤炭的利用效率，并减少对环境的污染。废弃物处理技术主要是对煤炭开采和利用过程中所产生的矸石、泥煤、煤层甲烷以及燃煤电站产生的粉煤灰等污染物进行无害化处理和资源再利用。

2. 节约能源技术

节能是指采取技术上可行、经济上合理以及环境和社会可接受的一切措施，更有效地利用能源，减少能源消耗。节能技术是有效地利用能源、减少能源消耗的技术。发达国家及许多发展中国家都高度重视节约能源的工作，积极致力于发展节能技术。节能及节能技术已经成为衡量一个国家能源利用好坏的一项综合性指标，也是一个国家现代技术发展水平高低的重要标志。同时也是一个国家解决自身能源可持续发展的最可靠、最有效的途径之一。

节约能源技术主要包括：（1）余热回收利用技术。余热是指在某一热工过程中未被利用而排放到周围环境中的热能。现已发明了回收利用余热的三种方法：一是热电联产技术，即同时生产热和电的工艺，利用余热产生蒸气来驱动汽轮机发电，余热再用来供热的技术；二是热泵技术，即以消耗一部分高质能（机械能、电能）为补偿，使热能从低温热源向高温热源传递的技术；三是热管技术，利用封闭在具有很高传热性能的热管壳内的工作液化的相变（或沸腾或凝结）来传递热量的技术。（2）高效用电技术。高效用电技术包括高效电动机、高效节能照明器具、远红外加热技术等，可以大幅度提高用电效率。如高效电动机的效率比一般标准电动机高 2%～7%，永磁电动机可提高效率 4%～10%。节能灯比普通白炽灯提高效率 50%～80%，是节能技术发展的主要方向之一。（3）电子电力技术。涉及半导体、电路、电机、微处理器和控制理论等，主要是利用功率半导体元件的交换功能。广泛应用于工业、交通运输、通信、家用电器等领域，是节约能源提高能源利用效率的重要途径和手段。（4）电储能技术。一是抽水储能技术，即利用电力系统低谷负荷的剩余电能抽水储能，待用电高峰时放水发电；二是压缩空气储能技术，即利用剩余电力驱动压缩机压缩空气储能，待用电高峰高压空气驱动汽轮机发电；三是新型蓄电池储能技术，即由蓄电池、控制装置、交直流变换等设施组成的电储能技术；四是超导感应储能技术，即把电能以磁场能形式储存于超导电感线圈中，待需要时再释放出来。（5）电热膜加热技术。它是将电子电热膜直接制作在被加热体的表面上，当通电加热时，热量会很快传给被加热体的技术。电热膜是一种导电薄膜，它按一定配比，把非金属半导体材料与另一种在高温条件下起粘接作用的粉状物调和均匀，涂在各种加热体的底部或周围，再经过烧结而成。

3. 新能源技术

新能源技术主要是指第三次技术革命以来开发利用新能源，除传统常规化石能源之外的现代能源技术。新能源技术主要包括：

（1）生物质能利用技术。在人类从古至今的全过程中，生物质能的利用维系着人类的生存和延续。生物质能利用技术是特指运用现代科技开发利用生物质能的技术，具体包括热化学转换技术，即将固体生物质转换成可燃气体、焦油、木炭等优质能源产品的技术；生物化学转换技术，即通过微生物发酵将生物质转换为酒精、沼气等能源产品的技术；生物质固化成型技术，即将生物质物料，如秸秆、稻壳、锯末等，经粉碎后，挤压成型生成固体燃料的技术；生物质能发电技术，即以生物质经热化学转换或生物化学转换产生的可燃气体如沼气等为燃料发电的技术，包括沼气发电、垃圾发电、生物质气化联合循环发电等技术。生物资源丰富，每年全球产生的生物质所含能量为当前全球能耗总量的 5 倍。如能够利用现代科学技术加以充分利用，将可解决当前全球性的能源危机。

（2）太阳能利用技术。太阳能是指太阳以电磁辐射形式发射的能量，在实际应用中，太阳能是指到达地球表面及大气层中的太阳辐射能。它是一种无污染的、清洁的、巨大的可再生能源。直接利用太阳能有光热转换、光电转换、光化学转换和储能技术。其中光热转换技术的产品最多，如热水器、开水器、干燥器、采暖和制冷、温室与太阳房、太阳灶和高温炉、太阳蒸馏器、海水淡化装置、水泵、热力发电装置及太阳能医疗器具。光电转换主要是各种规格类型的太阳电池板和供电系统。太阳电池是把太阳光直接转换成电能的一种器件。光电效率为 $10\% \sim 14\%$，产品类型主要有单晶硅、多晶硅和非晶硅。太阳电池的应用范围很广，如人造卫星、无人气象站、通信站、电视中继站、太阳钟、电围杆、黑光灯、航标灯、铁路信号灯等。光化学转换包括光合作用、光电化学作用、光敏化学作用及光分解反应，目前该技术领域尚处在实验研究阶段。基本原理是利用光照射半导体和电解液界面发生化学反应，在电解液内形成电流，并使水电离直接产生氢。

（3）受控核能利用技术。以往的原子能基本上是通过受控核裂变反应取得的。核技术的和平利用为人类带来了新的能源，通过这种方式获取的核能将继续为人类做出贡献，但这种能源安全性低、利用率低、环境污染、原料有限等问题。因而需要新的核能技术取代核裂变核能技术。1933 年科学家发现了核聚变现象，比发现核裂变还早 5 年。因工程、材料技术困难，不能完全掌握受控核聚变技术而未能为人类提供能源。因为受控核聚变技术具有清洁、安全、质能比高、原料丰富等特点，科学家估计一座核聚变反应堆可连续工作 3000 年之久，其原料在地球上几乎取之不尽用之不竭，被人们称为"能源之王"。但受控核聚变技术对材料、工程等要求很高，必须具备超高温，即大约要将氘、氚等轻元素加热到 1亿 ~ 2 亿摄氏度，才能产生反应；高密度，中子的密度要达到 50 万亿／cm3；约束时间长；高度真空，容器本身装入燃烧前，必须达到大气压10 亿分之一的高度真空的条件。

（4）氢能利用技术。氢能即通过氢气和氧气反应释放出的能量。氢能的原料丰富，燃烧后产生的物质对环境污染很小，是一种清洁能源，是未来人类生活中重要能源之一。氢在地球上主要是以化合态存在，如水、各种有机碳水化合物及烃类等。氢能利用技术包含氢的制取、储存、运输和和平利用。氢的制取主要有水电解制氢、生化法制氢等。可采用气态或液态氢和金属氢化物储存和运输等方式。氢能的利用主要有直接以氢气作为汽车、火箭、飞机发动机的燃料；采用燃料电池的形式，将氢气与氧气反应转变为电能，作为电动汽车及发电装置的能源；将氢转化为人造石油及高载能产品等。氢能源的发展方向有利用太阳能等能源来分解水制得氢；寻找高效催化剂在常温下能分解水制氢；利用海中微生物来分解水制氢。

（5）地热能利用技术。地热能是指地球内部所具有的热能，它主要是来源于地球内部各种放射性元素的蜕变放热，经过漫长日积月累而形成的能源。地热能属于再生比较慢的一种能源。据估算在地球表面3000米以内，可利用地热能约为8.410焦耳，接近全世界煤储量的含热量。按10%的转换率计，相当于50年内5800万千瓦的发电量。地热资源的存在形式分为蒸汽型、热水型、地层型、干热岩型、热岩浆型五种。地热能利用主要有四方面：地热发电，可分为蒸汽型地热发电和热水型地热发电两大类；地热供暖，将地热能直接用于采暖、供热和供热水，是仅次于地热发电的地热利用方式；地热务农，地热在农业中的应用范围十分广阔；地热行医，地热在医疗领域的应用有诱人的前景，目前热矿水就被视为一种宝贵的资源。利用地热发电比燃煤对环境污染少，也比核电站安全可靠，但是地热能的利用存在蕴藏的地区不易找到、只有少数存在于接近地面处、高温地热田数量很少等问题。我国地热资源尚有待勘探，已探明地热储量约为30亿吨标准煤，展现出良好的利用前景。

（6）水能利用技术。水能即水流中蕴藏的能量，包括位能、压能、动能三种形式。狭义的水能主要是指江河溪流之中蕴藏的能量，广义的水能还包括海水中蕴藏的巨大能量。一般意义上的水能，多指狭义的水能。水能利用技术主要是指把水能用适当的方法转换为机械能和电能的技术。水力发电是水能利用的主要方式。我国水力资源世界第一，理论蕴藏量为6.8亿千瓦，可开发量为3.78亿千瓦。目前我国水电资源仅开发了13%，远远落后于发达国家的90%。水电是一种可再生能源，且无污染，对保护环境而言是一种理想的能源。水电开发是我国政府扶持和倡导的事业，如三峡水电站、葛洲坝水电站等。

（7）风能利用技术。风能是太阳能的表现形式之一，它是太阳辐射造成各部分受热不均匀，引起空气运动产生的能量。全世界每年燃烧煤获得的能量，只有风能提供能量的三千分之一。风能的利用主要是靠风力机将其转化为电能、机械能、热能等形式来实现。目前在可再生资源技术中，最值得称道的是风力电场。近20多年来，世界风力发电发展速度惊人，1998年世界风力发电总装机容量已经达到了9600百万瓦，年销售额20亿美元，德国是世界上最大的风力发电国家，风力发电已占全国总发电量的1%；其次是美国、西班牙、丹麦等国。我国在风力资源强大的东南沿海、西部广大地区都有发展风力发电的优势。更大的风力发电机组，更好的制造技术，加上适当的选址，使风力电场的造价从1981年的2600美元／千瓦下降到1998年的800美元／千瓦，目前已降至800美元／千瓦以下，风力电场的造价已经能与燃煤电站相竞争，并将成为许多国家最经济的电源，是世界产业界的新星。

（8）海洋能利用技术。海洋能的利用是指将各种海洋能转换成为电能或其他可利用形式的能。海洋能是海水运动过程中产生的可再生能，主要包括温差能、潮汐能、波浪能、潮流能、海流能、盐差能等。潮汐能和潮流能源自月球、太阳和其他星球引力，其他海洋能均源自太阳辐射。海洋能的特点是蕴藏量大，并且可以再生不绝。海洋面积占地球表面约3/4，是一种取之不尽、用之不竭，无污染的清洁能源。

第四节　空间技术

空间技术也称为航天技术和太空技术，是研究如何使空间飞行器飞离大气层，进入宇宙空间，并在那里探索、研究、开发和利用太空以及地球以外天体的高度综合性技术。主要包括人造地球卫星、火箭、载人航天、空间站、深空探测等，是第三次技术革命的重要标志性技术之一，也是衡量一个国家科学技术发展水平和工业发展程度的重要标志之一，是高技术的综合体现。空间技术的形成以1957年10月4日苏联发射第一颗人造地球卫星为标志，此后，美国、法国、日本和中国等国也先后发射了自己的人造卫星。半个世纪以来，人类在航天运载工具、人造地球卫星、载人航天和深空探测等方面取得了巨大的成就。空间技术的日益发展，使人类能够摆脱世代生息的地球的束缚，飞向广阔无垠的空间去探索宇宙的奥秘。空间技术广泛应用于对地观测、通信、气象、导航等许多方面，渗透到自然科学的众多领域，对发展生产力、改善人们生活、推动社会进步起到越来越大的作用，影响越来越深远。

一、人造地球卫星

人造地球卫星即绕地球轨道运行的无人航天器，简称人造卫星。人造地球卫星在军事和经济上具有重要价值，因此是发射数量最多、用途最广、效益最大、发展最快的航天器。

人造卫星按其用途可分为科学卫星、技术试验卫星和应用卫星。科学卫星是用于科学探测和研究的卫星，主要包括空间物理探测卫星和天文卫星，用来研究高层大气、地球辐射带、地球磁层、宇宙线、太阳辐射等，并可以观测其他星体。技术试验卫星是进行新技术试验或为应用卫星进行试验的卫星。航天技术中有很多新原理、新材料、新仪器，必须在天上进行试验以决定能否使用；一种新卫星的性能，也只有把它发射到天上去实际锻炼，试验成功后才能应用；人上天之前必须先进行动物试验等，这些都是技术试验卫星的使命。应用卫星是直接为人类服务的卫星，种类最多、数量最大，其中包括通信卫星、气象卫星、侦察卫星、导航卫星、测地卫星、地球资源卫星、截击卫星等。

按其运行轨道可分为近地轨道卫星、中高轨道卫星、地球静止轨道卫星、大椭圆轨道卫星、极轨道卫星和太阳同步卫星等。地球同步轨道是运行周期与地球自转周期相同的顺行轨道。但其中有一种十分特殊的轨道——地球静止轨道。这种轨道的倾角为零，在地球赤道上空35786千米。地面上的人看来，在这条轨道上运行的卫星是静止不动的。一般通信卫星、广播卫星、气象卫星选用这种轨道比较有利。地球同步轨道有无数条，而地球静止轨道只有一条。太阳同步轨道是轨道平面绕地球自转轴旋转、方向与地球公转方向相同、旋转角速度等于地球公转的平均角速度（360度／年）的轨道，距地球的高度不超过 6000 千米。在这条轨道上运行的卫星以相同方向经过同一纬度的当地时间是相同的。气象卫星、地球资源卫星一般采用这种轨道。极轨轨道是倾角为 90° 运行的卫星每圈都要经过地球两极上空，可以俯视整个地球表面。气象卫星、地球资源卫星、侦察卫星常采用此轨道。

在数以千计的卫星中，大部分为军事卫星，包括侦察卫星、导弹预警卫星、通信卫星、导航卫星和军事气象卫星。海湾战争中，美国曾动用了 50 颗卫星参加作战。美国的"大鸟"高分辨率侦察卫星，既可对地面目标进行拍照，再用回收舱以胶卷的形式送回地面，又可以电视的形式将图像直接传输到地面，分辨率高达 1 米。中国也十分重视发展应用卫星技术，初步建立了气象卫星、资源卫星、卫星广播、通信、卫星定位等系统，已经在国民经济发展、国防力量增强、相关科学技术进步等方面发挥了重要作用。

二、运载火箭

火箭起源于中国，是中国古代的重大发明之一。古代中国火药的发明和使用，为火箭的问世创造了条件。南宋时期中国民间出现了利用燃烧火药产生的高速气体推进箭支的技术。明朝初年军用火箭就相当完善并广泛用于战场，被称为军中利器。利用火箭作动力制造飞天装置也是中国人的发明创造。蒙古人西征把火箭技术传到了西方，西方人进一步改进了火箭技术，其中贡献最大的是英国人康格里夫（1772～1828）。他制造的固体火药火箭的射程达到了近 3 公里。现代火箭航天技术的先驱是俄国科学家齐奥尔科夫斯基（1857～1935），他设想的液体火箭由美国人戈达德（1882～1945）首先研制成功。1926 年 3 月 26 日，第一枚以液氧和汽油为燃料的液体火箭在麻省发射成功。罗马尼亚出生的德国科学家奥伯特（1894～1989）一直在从事火箭的研究，并于 1923 年出版了《向星际空间发射火箭》一书，建立了航宇火箭的数学理论。在戈达德试验的鼓舞下，他于 1929 年开始研制液体火箭。1930 年他的学生冯·布劳恩（1912～1977）发明了液氧和煤油混合燃料。1933 年制成了 A-1 火箭，次年制成了 A-2 火箭。1936 年又制成了 A-3 火箭，射程已达 18公里，1942 年 A-4 火箭射程已达 190 公里，速度 2 公里／每秒。1954 年赫鲁晓夫上台后，非常重视和支持洲际导弹研制计划。1957年8月21日，苏联发射成功了第一枚洲际弹道火箭，射程达8000公里。

运载火箭的用途是把人造地球卫星、载人飞船、航天站或空间探测器等有效载荷送入预定轨道。火箭是目前唯一能使物体达到宇宙速度，克服或摆脱地球引力，进入宇宙空间的运载工具。运载火箭是第二次世界大战后在导弹的基础上开始发展的。第一枚成功发射卫星的运载火箭是苏联用洲际导弹改装的卫星号运载火箭。到20世纪80年代苏联、美国、法国、日本、中国、英国、印度和欧洲空间局已研制成功20多种大、中、小运载能力的火箭。最小的仅重10.2吨，推力125千牛（约12.7吨力），只能将1.48公斤重的人造卫星送入近地轨道；最大的重2900多吨，推力33350千牛（3400吨力），能将120多吨重的载荷送入近地轨道。目前世界上应用的主要的运载火箭有"大力神"号运载火箭、"德尔塔"号运载火箭、"土星"号运载火箭、"东方"号运载火箭、"宇宙"号运载火箭、"阿里安"号运载火箭、N号运载火箭、"长征"号运载火箭等。

现代运载火箭必须采用多级火箭，以接力的方式将航天器送入太空轨道。火箭用于运载航天器叫作航天运载火箭，用于运载军用炸弹叫作火箭武器（无控制）或导弹（有控制）。航天运载火箭一般由动力系统、控制系统和结构系统组成，有的还加遥测、安全自毁和其他附加系统。

火箭技术是一项十分复杂的综合性技术，主要包括火箭推进技术、总体设计技术、火箭结构技术、控制和制导技术、计划管理技术、可靠性和质量控制技术、试验技术，对导弹来说还有弹头制导和控制、突防、再入防热、核加固和小型化等弹头技术。

三、载人航天

载人航天是指人类驾驶和乘坐载人航天器在太空从事各种探测、研究、试验、生产等应用的往返飞行活动。载人航天主要目的在于突破地球大气的屏障和克服地球引力，把人类的活动范围从陆地、海洋和大气层扩展到太空，从而更广泛和更深入地认识整个宇宙，并充分利用太空和载人航天器的特殊环境进行各种研究和试验活动，开发太空极其丰富的资源。

1961年4月，苏联成功地发射第一个载人航天器——"东方"号载人飞船，宇航员尤里·加加林（1934～1968）代表人类第一次叩开了宇宙之门。1969年7月20日，美国"阿波罗登月计划"成功实施，登月舱在月球表面着陆。宇航员阿姆斯特朗（1930～）率先踏上月球荒凉沉寂的土地，接着奥尔德林（1930～）也开始在月球表面行走，成为世界上最先踏足月球的人。到目前为止，美国和苏联、俄罗斯已发射数十个载人航天器，其中包括载人飞船、太空实验室、航天飞机和长期运行的载人空间站，乘坐载人航天器的太空人超过300名。载人航天系统由载人航天器、运载器、航天器发射场和回收设施、航天测控网等组成，有时还包括其他地面保障系统，如地面模拟设备和航天员训练设施。根据飞行和工作方式的不同，载人航天器可分为载人飞船、太空站和航天飞机三类。载人飞船按乘坐人员多少，可分为单人式飞船和多人式飞船；按运行范围不同，可分为卫星式载人飞船和登陆式载人飞船。

1. 载人飞船

载人飞船是能保障宇航员在外层空间生活和工作，以执行航天任务并返回地面的航天器，又称宇宙飞船。它的运行时间有限，是仅能一次使用的返回型载人航天器。载人飞船可以独立进行航天活动，也可作为往返于地面和太空站之间的"渡船"，还能与太空站或其他航天器对接后进行联合飞行。载人飞船容积较小，受到所运载消耗性物资数量的限制，不具备再补给的能力，而且不能重复工作。

载人飞船的用途主要有：进行近地轨道飞行，试验各种载人航天技术，如轨道交会和对接以及宇航员在轨道上出舱，进入太空活动等；考察轨道上失重和空间辐射等因素对人体的影响；为太空站接送人员和运送物资；进行军事侦察、地球资源勘测等。

载人飞船一般由乘员返回座舱、轨道舱、服务舱、对接舱和应急救生装置等部分组成，登月飞船还具有登月舱。返回座舱是载人飞船的核心舱段，也是整个飞船的控制中心。返回座舱不仅和其他舱段一样要承受起飞、上升和轨道运行阶段的各种应力和环境条件，而且还要经受再入大气层和返回地面阶段的减速过载和气动加热。轨道舱是宇航员在轨道上的工作场所，里面装有各种实验仪器和设备。服务舱通常安装推进系统、电源和气源等设备，对飞船起服务保障作用。对接舱是用来与空间站或其他航天器对接的舱段。1965 年 5 月 25 日，美国总统肯尼迪批准了阿波罗载人登月计划，这个计划是 20 世纪人类三大工程之一。1967 年 7 月 16 日，一枚"土星 5"火箭载着"阿波罗"11 号飞船在肯尼迪航天中心点火发射，经过 109 小时 7 分 33 秒的飞行后，阿姆斯特朗和奥尔德林乘坐登月舱安全降落在月球上。此后美国又成功进行了 5 次载人登月飞行，前后共有 12 名宇航员踏上了神秘的月球。

2. 航天飞机

航天飞机是可以重复使用、往返于地球表面和近地轨道之间运送人员和货物的飞行器。它在轨道上运行时，可在机载有效载荷和乘员的配合下完成多种任务。航天飞机通常设计成火箭推进式，返回地面时能像常规飞机那样下滑和着陆。航天飞机是人类自由来往太空极佳的运载工具，是航天史上的一个重要里程碑。

航天飞机的飞行轨道通常是近地轨道，高度在 1000 千米以下。需要在高轨道运行的有效载荷，也可以由航天飞机送上近地轨道后再从这个轨道发射进入高轨道。航天飞机的运载能力较大，往往采用多级组合的形式，可以串联或并联，也可以串并联结合。航天飞机进入轨道的部分叫做轨道器。它具有一般航天器所具有的各种分系统，可以完成多种功能，包括人造地球卫星、货运飞船、载人飞船甚至小型太空站的许多功能。它还可以完成一般航天器所没有的功能，如向近地轨道施放卫星，向高轨道发射卫星、从轨道上捕捉、维修和回收卫星等。

1972 年美国正式实施航天飞机计划，1981 年 4 月 12 日，首架航天飞机"哥伦比亚"号首次载人发射实验取得圆满成功。后又经过三次试验飞行，正式投入商业发射，但其发射成本极高，大大超过了运载火箭。迄今，美国相继研制了"挑战者"号、"发现"号和"亚特兰蒂斯"号、"奋进"号等航天飞机。航天飞机代表了航天发展的一个新阶段。

3. 空间站

空间站是指可供多名航天员长期工作、居住和往返巡访的长期性载人航天器。其结构复杂，规模比一般航天器大得多，通常由对接舱、气闸舱、服务舱、专用设备舱和太阳电池阵等组成。空间站分为单一式和组合式两种。单一式空间站由航天飞机或运载火箭直接发射入轨；组合式空间站由运载火箭多次发射或航天飞机多次飞行，把空间站的组合件送到轨道上组装而成。

空间站的用途十分广泛，包括天文观测、地球资源勘测、军事侦察和空间武器试验、医学和生物学研究、空间材料科学试验和加工、航天飞行中转站和发射基地等。各国政府以及全世界的科学家们都意识到，发展空间站是充分利用太空高远位置、高真空、高洁净、超低温、微重力、强辐射等空间资源的最佳途径，是促进空间工业化、商业化、军事化，促使材料科学、生命科学、天文学、物理学等产生新突破的最有效方式。空间站技术的发展与完善必将对人类社会的政治、经济、文化、军事以及日常生活等产生越来越深刻的影响。

阿波罗计划之后，苏联优先发展空间站，美国则优先发展航天飞机。从1971年起，苏联先后发射了三代8艘空间站，接待了60名宇航员，完成了大量科学观测、地球资源观测、人体医学研究和技术实验。1986年2月20日，"和平"号核心舱发射升空。到1996年4月，五个专业舱先后发射与核心舱对接，标志着"和平"号空间站最终建成，这是人类空间技术发展的一个里程碑。2001年3月23日，"和平"号空间站在完成15年的空中作业使命后，平安坠落在南太平洋预定海域。"和平"号空间站运行的15年成果辉煌，在太空医学、微重力实验、特种药品制备、对地观测、新技术开发和天文观测方面取得了重要成果。

四、深空探测

深空探测主要是对太阳系各大行星和它的环境进行探测，世界上已发射100多颗深空探测器，已有许多重大发现。从地球周围来看，已发现地球周围的内、外辐射带，了解了地磁场的分布，太阳系各大行星周围的环境、大气环、小卫星等。美国的"旅行者"号太空飞船，带着地球文明的各种标志，如人类各国语言的录音等，能保存几万年。这只飞船正飞往银河系，探索宇宙。苏联曾用月球车到月球上进行考察，调查月球表面的状态。

航天技术发展的30多年来，从开始运载火箭只能将几十公斤重的卫星送入太空，至今可将上百吨重的卫星送入太空，卫星获取信息、传递信息的能力从早期只有几十路到现在的几万路，卫星的寿命从早期的在天上只能呆几天到今天的几年甚至十几年，从早期的宇航员只能绕地球一圈到今天的宇航员在太空中工作一年以上，主要技术指标都提高了几个数量级，而航天活动的价格却大幅度下降。当代航天技术的应用不仅在经济和军事建设方面，而且已深入个人生活之中。

第五节　生物技术

生物技术也称为生物工程，是在分子生物学、细胞生物学和生物化学等的理论基础上建立起来的一个综合性技术体系。生物技术是既古老又新兴的技术，是现代高新技术之一。按历史发展和使用方法可分为传统生物技术和现代生物技术两大类。传统生物技术主要是指发酵工程、酶工程、遗传育种技术等，现代生物技术主要是指基因工程、蛋白质工程和克隆技术等，其中基因工程技术是现代生物技术的核心技术。生物技术是 21 世纪现代高技术的核心，它直接关系到农业、医药卫生事业的发展，又对环境、能源技术等领域有很强的渗透力。

一、基因工程技术

基因工程技术是根据人们的意愿，对不同生物的遗传物质，主要在分子水平上在体外通过工具酶进行剪切、拼接，建成重组的 DNA 分子，然后通过载体转入微生物或动、植物细胞中，进行无性繁殖，并使重新组合的遗传物质在细胞中表达，产生人类所需要的产物或组建成新的生物类型，又称重组 DNA 技术。

基因工程技术涉及从生物体的基因组中分离目的 DNA 序列一（基因），通常包括 DNA 的纯化技术、酶促消化或机械切割、以游离目的 DNA 序列。建立人工的重组 DNA 分子（有时称为 rDNA），即将目的基因插入一个主细胞中复制的 DNA 分子，即克隆载体，对细菌细胞来说，合适的克隆载体有质粒和细菌噬菌体。将重组 DNA 分子转到合适的宿主中，如大肠杆菌，当利用质粒时，对一重组的病菌载体来说此过程又称为转化或转染。利用细胞培养技术，培养筛选转化的细胞，一个转化的宿主细胞能生长并产生遗传上相同的克隆细胞，每个细胞都携带着转化的目的基因，即"基因克隆" 或"分子克隆"。

1973 年基因工程在美国首先获得成功，1976 年美国成立了第一家基因工程公司 Genentech，1981 年第一个基因工程产品——重组人体胰岛素正式投产。目前重要的基因工程产品有干扰素、胰岛素、红细胞生成素、粒细胞集落刺激因子、乙型肝炎疫苗等。将基因工程技术用于动物和植物就可以产生各种转基因动植物。最近基因工程已开始用来将基因导入人类细胞，使某种重要的基因直接在人体内表达，从而达到治疗各种疾病的目的，此即基因治疗。基因工程使整个生物技术跨入了一个崭新的发展时期，传统的生物技术与基因工程的结合形成了真正有生命力的现代生物技术。基因工程技术几乎涉及人类生存所必需的各个行业。如将一个具有杀虫效果的基因转移到棉花、水稻等农作物物种中，这些转基因作物就有了抗虫能力，因此基因工程被应用到农业领域；如果把抗虫基因转移到杨树、松树等树木中，基因工程就被应用到林业领域；如果把生物激素基因转移到生物中去，这就与渔业和畜牧业有关了；如果利用微生物或动物细胞来生产多肽药物，那么基因工程就可以应用到医学领域。总之，基因工程应用范围将是十分广泛的，但它必须符合人类的科学伦理和科学政策。

二、蛋白质工程

蛋白质工程是基因工程的延续，是应用现代生物学和工程学知识，借助现代技术手段，改造蛋白质的结构和功能，以生产出人类需要的产品的过程。一般包括通过基因工程技术了解蛋白质的 DNA 编码序列；对蛋白质的分离纯化；分析研究蛋白质的序列、结构和功能；蛋白质结晶和动力学分析；计算机辅助设计突变区；对蛋白质的 DNA 进行突变改造等。

天然蛋白质都是通过漫长的进化过程自然选择而来的，而蛋白质工程对天然蛋白质的改造，好比是在实验室里加快了的进化过程，期望能更快、更有效地为人类的需要服务。蛋白质是重要的生物大分子，参与生命体系绝大多数的过程，血红蛋白在红血球中载氧，胶原蛋白组成皮肤的大部分，各种酶催化生命活动中众多的反应。具有如此繁多功能的蛋白质，在组成和结构上有一些规律，使得人们可以着手对它进行研究和改造。蛋白质都是由一类叫做氨基酸的小分子化合物构成，这些氨基酸按特定的排列顺序首尾相连，形成特定长度的肽链。在生理条件下，由于肽链内部相邻氨基酸残基之间的相互作用，以及在顺序上相隔较远，但在空间上相互接近的氨基酸残基之间的相互作用，使得肽链总是倾向于采取一种能量最低的空间结构，来达到稳定存在的形式。这样特定的空间结构，与蛋白质特有的功能密切相关。由此可以发现，蛋白质的空间结构是由其氨基酸的组成和排列顺序决定的。这就可以通过改变蛋白质的氨基酸组成和排列顺序来改变其空间结构，进而影响蛋白质的功能。蛋白质工程为工业或医药蛋白质（包括酶）的实用化开拓了美好的前景，将大大推动蛋白质和酶学的研究，及其相关学科的发展。

三、克隆技术

克隆是英文 clone 的译音，其含义是无性繁殖。克隆也是一系列生物技术的综合。按照克隆对象和操作层次的不同，可以分为分子克隆（基因克隆）、细胞克隆以及个体水平上的克隆（如微生物克隆、植物克隆、动物克隆）等，最基础的是分子克隆，也称做基因的无性繁殖。

1938 年，德国胚胎学家首次提出克隆设想，将分化的细胞核移植到卵母细胞，从而开创性地进行无性繁殖技术研究。在人们看来，只有植物细胞具有无性繁殖功能，即任何一个植物单细胞都可以发育、分化出完整的个体，也就是可以无性繁殖。动物细胞则不具有这种全能性，动物个体必须经过雌雄交配，雄性个体的精子（精细胞）和雌性个体的卵子（卵细胞）结合后，才可能发育分化出完整的个体，也就是必须要经过有性繁殖。除了精细胞和卵细胞结合形成的合子，动物其他的体细胞，都没有独立发育成动物个体的能力，即不能无性繁殖。

1952 年，两名美国科学家建立了两栖类的核移植技术后，使克隆的设想得以实现。他们用紫外线照射蛙卵，使其遗传物质失活，然后用玻璃微管将蛙胚胎细胞核注射到卵内，构建重组胚，并得到了重组胚发育而成的蝌蚪和蛙，即克隆蛙。这是人类最早克隆的动物。

其后克隆技术迅速发展。1970 年，克隆青蛙实验取得突破，青蛙卵发育成了蝌蚪，但是在开始进食后死亡。1981 年，科学家进行克隆鼠实验，据称用鼠胚胎细胞培育出了正常的鼠。1984 年，第一只胚胎克隆羊诞生。1997 年 2 月 24 日，英国罗斯林研究所宣布克隆羊培育成功。科学家用取自一只 6 岁成年羊的乳腺细胞培育成功一只克隆绵羊，名叫"多莉"。1998年 2 月 23 日，英国 PPL 医疗公司宣布克隆出一头牛犊"杰弗逊先生"。7月 5 日，日本科学家宣布利用成年动物体细胞克隆的两头牛犊诞生。7 月 22日，科学家采用一种新克隆技术，用成年鼠的体细胞成功地培育出了第三代共 50 多只克隆鼠，这是人类第一次用克隆动物，克隆出克隆动物。1999 年5 月 31 日，美国夏威夷大学的科学家利用成年体细胞克隆出第一只雄性老鼠。6 月 17 日，以美籍华人科学家杨向中为首的研究小组利用一头 13 岁高龄的母牛耳朵上取出的细胞克隆出小牛。2000 年 1 月 3 日，杨向东用体外长期培养后的公牛耳皮细胞成功克隆出 6 头牛犊。同年 1 月，美国科学家宣布克隆猴成功，这只恒河猴被命名"泰特拉"。3 月 14 日，英国 PPL 公司宣布成功培育出 5 头克隆猪。

四、人类基因组计划

1985 年美国能源部提出，要将共包含约 30 亿碱基对的人类基因组全部碱基序列分析清楚。1986 年美国宣布启动"人类基因组启动计划"；1989 年美国国家卫生研究院建立国家人类基因组研究中心；1990 年美国国家卫生研究院和美国能源部联合提出美国"人类基因组计划"，计划从 1990 年 10 月 1 日起到 2005 年 9 月 30 日结束，耗资 30 亿美元。此计划是一个国际合作计划，有 6 个国家的 16 个中心共上千名科学家参与，份额分配为美国 54%、英国 33%、日本 7%、法国 3%、德国 2%、中国 1%。

人类基因组计划的目的是要找出人体所有基因碱基对在 DNA 链上的准确位置，弄清各个基因的功能，对它们进行编目，最终绘制出包含人体全部遗传密码的图谱。这一计划的科学意义重大，将揭示冠心病、高血压、糖尿病、癌症、精神病、自身免疫性疾病等基因病的病因，找到致病基因或易感基因，并建立各种疾病的诊断和治疗方法，从而为保护人类的健康做出贡献，并将推动整个生命科学的发展。

2001 年 2 月 12 日，中、美、日、德、法、英 6 国科学家和美国塞莱拉公司联合宣布了人类基因组图谱分析结果：人类基因组由 32 亿个碱基对组成，共有 3 万至 3.5 万个基因，远小于早先估计的 10 万个基因。这个项目的完成，使 21 世纪生命科学获得非常宝贵的资源库，是人类在研究自身过程中具有里程碑式的重大成就，并将促进生物学不同领域的发展与革命。

第八章

中国科学技术的现代发展

16世纪以后，近代科学革命在西方发生，中国正处于明清之际。当西方的启蒙运动蓬勃开展时，中国正处于雍正、乾隆两朝，虽然号称盛世，却实行闭关自守的政策，以"天朝大国"自居，对世界科学技术的巨大发展视而不见。迈入19世纪，古老的帝国被西方列强肆意凌辱、摇摇欲坠。19世纪后期开展的"洋务运动"，西方科技开始成规模进入中国，但科学技术事业真正实现体制化的发展则是在20世纪。

从新中国成立以来，中国科学技术的进步极大地改变了中国社会的面貌。各基础学科从机构设置到研究队伍培养均有了较全面的布局与发展，在研究成果方面也有了较大的进展；应用技术的研究与技术成果向现实生产力转化得到了重视与提高。随着科学技术的发展，中国软科学事业也逐步兴起。与时俱进的中国科学技术事业，不仅为中国政治、经济、文化做出了巨大贡献，而且为中国在新世纪的和平发展提供了强有力的支持。

第一节　基础科学的进展

基础科学是当代科学体系的重要组成部分，是应用技术的理论基础，对当代科学技术的发展，尤其是对高科技的发展及社会前进起着举足轻重的推动作用。在新中国成立之初，在基础条件薄弱的情况下，成立了一支以中国科学院为主的基础科学研究队伍，并确立了基础研究的主要领域。经过数十年几代科学工作者的努力，我国的基础科学水平发生了质的飞跃。

一、生物学

近代生物学于 20 世纪初传入我国，但由于基础薄弱，进展缓慢。解放后，在政府的高度重视下，生物学得到全面发展，到 50 年代末已初步形成科目较为齐全的研究体系，相继取得了一系列的研究成果。如 1965 年 9 月 17 日我国人工合成胰岛素获得成功，成为世界上第一个人工合成蛋白质的国家。1963 年 1 月 2 日，我国第一次成功地将断肢再植手术应用于人体。1966 年 1 月，又成功地进行了断指再植手术，断手、断肢的再植成功，使我国在此领域达到了世界先进水平。20 世纪 80 年代，我国在生物化学领域取得了重大进展，酵母丙氨酸转移核糖核酸的人工合成，实现了人类在探索生命构成方面的重大突破；蛋白质功能基因的修饰与其生物活力之间定量关系的计算机模拟方法的产生，开辟了研究蛋白质生物活性与必需基因之间关系的新途径；白春礼（1953 ~ ）等人首次观察到脱氧核糖核酸的三辫链状新结构是研究生物信息、生命起源等问题的一条新的途径；1992 年，南开大学的陈德风（1965 ~ ）首先发现了核酸识别序列外甲基化对限制性内切酶活性的抑制作用；我国学者在世界上第一个分离纯化出衣原体 ATP 酶，发现并提出了非双层膜脂对膜蛋白的功能有重要影响，并找到两种水稻抗冷性鉴定的指标。这些成果均达到了当时的世界先进水平。

基因组学、生物信息学、重大疾病相关基因的识别、分子生物学与生物化学、细胞与发育生物学、神经生物学、动植物区系的系统演化与协同进化等是我国生命科学优先发展的领域。我国近年来在生命科学领域取得了不小的成就，主要体现在基因组学研究、生物医学、生态学与生物多样性以及系统演化与古生物学等领域。

1. 基因组学领域

从 1994 年起，我国科学家开始利用基因技术解读虾病病毒。1997 年，国家海洋局第三研究所徐洵院士（1934 ~ ）率领的小组在世界上率先分离纯化到一批完整的病毒基因组 DNA，构建了基因组文库，并测定了 1500 个病毒基因组克隆片段，占基因组全长的 90%。随着上海基康生物技术有限公司的加盟，1999 年 6 月，病毒基因组被全部破译，而国际同行同期仅完成了对虾病毒 1% 的测序任务。这一成果不仅标志着我国基因组研究从人到动物再到农作物之后，又向海洋生物延伸，而且为防治虾病和发展对虾养殖业奠定了分子生物学基础。

破译人类遗传密码不仅被认为是达尔文时代以来生物学领域最重大的事件，同时也被认为是人类历史上最重要的科研工程。我国于1999年9月加入人类基因组研究计划，负责测定人类基因组全部序列的1%，也就是3号染色体上的3000万个碱基对。我国科学家仅用了半年时间就基本完成了所承担的人类基因组测序任务，为国际人类基因组研究做出了自己的贡献，也证明了我国科学家有能力在重大国际合作中发挥积极的作用。

2002年，中国科学院国家基因研究中心杨焕明（1952～）领导的科研小组率先绘制出水稻基因组精细图和水稻第4号染色体精确测序图。中国科学院国家基因研究中心等单位完成的水稻基因组精细图，覆盖了籼稻97%的基因序列，其中97%的基因被精确定位在染色体上，覆盖基因组94%染色体定位序列的单碱基准确性达99.99%，已达到国际公认的基因精细图标准。同时圆满完成国际水稻基因组计划第4号染色体精确测序图，这是迄今为止中国独立完成的最大的基因组单条染色体的精确测序，将为人类最终揭开水稻遗传奥秘做出重要贡献。

2. 生物医学领域

2000年，第四军医大学杨安钢教授（1954～）和他的同事们采用基因重组技术，将识别癌基因产物HER-2的抗体与毒素分子（PE40）基因联结到一起，构建出免疫毒素基因，再导入在体外培养的T淋巴细胞，成功建立了一类新型抗原特异性杀伤细胞，这种细胞能够长期产生和分泌免疫毒素，有效地杀灭肿瘤细胞。此外，他们用同样的方法还培养出了抗人体免疫缺陷病的特异性杀伤细胞，在实验中也可以成功地杀死人体免疫缺陷病毒感染细胞，抑制和阻止病毒的繁殖。

2001年，中国科学院上海生命科学院研究员贺林博士（1953～），继找到家族性短指致病基因的位点后，又成功地发现并克隆了导致"A-1型短指（趾）症"的IHH基因，首次揭示了IHH基因在引起人类遗传疾病中的作用。这一研究成果发表在国际权威刊物《自然遗传学杂志》（2001）上，为进一步揭开人类骨骼发育和身高之谜提供了重要的分子遗传学依据。

2003 年 4 月，军事医学科学院微生物流行病研究所祝庆余（1950～）和秦鄂德（1949～）率领的专家组与中国科学院基因组研究所的专家组合作，从"非典"患者的标本中分离出冠状病毒并成功完成了对"非典"冠状病毒的全基因组序列测定，为"非典"诊断与防治奠定了重要的基础。2003 年 6 月，中国科学院院士、军事医学科学院放射医学研究所所长贺福初（1962～）率领科研攻关小组率先完成了目前最大规模的"非典"冠状病毒天然结构蛋白的鉴定，从中发现三种天然的病毒抗原蛋白质，对于进一步阐明"非典"病毒特性、发病机制及疫苗、新药的研究，具有重要的指导意义。

3. 系统演化与古生物学领域

2001 年我国科学家在研究云南禄丰的化石时，发现巨颅兽生活在距今 1.95 亿年前，这项发现使这类哺乳动物的历史向前推进了 4500 万年，达到侏罗纪早期，改写了哺乳动物的早期历史。我国学者在对辽宁西部发现的 1.3 亿年前的哺乳动物爬兽和戈壁兽化石的研究中，首次提供了解决哺乳动物化石下颌内侧浅沟与麦氏软骨关系问题的直接证据，有力地支持了"哺乳动物中耳是一次起源"的观点。

2003 年我国学者在鸟类飞行起源研究方面取得重大突破，中国科学院古脊椎动物与古人类研究所的徐星（1969～）、周忠和（1965～）及其同事通过研究恐龙化石材料，发现鸟类的恐龙祖先长着 4 个翅膀，很可能具有滑翔能力，这为鸟类飞行起源于树栖动物、经历了一个滑翔阶段的假说提供了关键性证据。这一工作被评论为有关鸟类起源研究有史以来最为重要的工作，其意义不仅仅在于揭示了鸟类飞行的起源，更重要的是由于这一发现，古生物界的科学家们必须重新审视一些经典性的成果。

寒武纪大爆发是令科学界最为困惑的一个科学问题，而澄江动物群化石再现了距今 5.3 亿年前海洋生物世界的真实面貌，为揭示寒武纪大爆发的奥秘提供了极其宝贵的证据。2004 年，西北大学舒德干教授（1946～）等人承担的"澄江动物群与寒武纪大爆发"研究项目通过对澄江动物群化石的不断挖掘发现和深入系统研究，诠释并回答了寒武纪大爆发这一重大疑难科学问题，探索了脊椎动物、真节肢、螯肢和甲壳等动物的起源，证实了现生动物门和亚门以及复杂生态体系起源于早寒武纪，挑战了自下而上倒锥形进化理论模型，为自上而下的爆发式理论模型提供了化石证据。研究提出了神经脊动物的概念，创建了无脊椎动物向脊椎动物演化 5 个阶段的假说，引起了国际学术界的广泛关注。

4. 生态学与生物的多样性领域

中国科学院张亚平研究员（1965 ~ ）致力于研究动物的进化历史和遗传多样性，在分子水平系统内澄清了一些重要动物类群的演化之谜，并与同事们合力建起了中国最大的野生动物 DNA 库。此项工作有助于揭示动物的遗传多样性与物种濒危的关系，为制定有效的保护计划提供科学依据。对中国主要家养动物的起源、不同民族人群基因多样性的研究，为揭示人类的扩散与迁移历史，提供了新的线索。

二、物理学

20 世纪的物理学从宏观领域向微观领域，把人类对自然界的认识推进到前所未有的高度和广度，物理学的两大理论支柱——量子论和相对论，为现代新兴科学奠定了坚实的发展基础，为人类提供了核能新能源、半导体、激光、计算机等新技术，推动了人类社会的进步，改变了人类的生产和生活方式。进入 21 世纪以后，物理学仍然是最重要的学科之一，我们仍能看到许多应用技术领域离不开物理学的指导。我国近年来在核物理研究领域、纳米研究领域、量子研究领域、粒子物理研究领域、激光研究领域都有重大突破。

三、化学

在 20 世纪上半叶，我国的化学研究发展比较缓慢，许多领域处于空白状态。新中国成立后，科学家们在对化学的各个领域展开全面研究的同时，针对国家建设的需要，开始了有重点的化学研究。如在 20 世纪 50 年代，我国化学研究所用精馏法试制重氧水，发展了重水和重氧水分析的密度法，包括精密浮沉子法和广量程的落滴法，处于当时国际先进水平；1954 年朱子清（1900 ~ 1989）等的"贝母植物碱的研究"首次提出贝母碱的基本骨架，并在国际上得到承认。汪猷（1910 ~ 1997 年）等系统研究了桔霉素结构与合成，并证明沃尔夫伦提出的链霉素结构有部分错误，改正了链霉素结构的空白构型，这些成果为当时我国的抗生素试制与生产提供了理论依据。重有机合成工业也逐渐发展起来，我国从 50 年代开始从煤焦油中分离出苯、苯酚、甲苯、菲、蒽等，再由这些原料合成了我国急需的染料和药物，建立了我国合成药物和合成染料工业。我国生物化学家和有机化学家通力协作，1965年用人工方法合成了具有生物活性的结晶牛胰岛素，使我国在人工合成生物大分子方面处于世界领先水平。1965年以来，我国化学家唐敖庆（1915～）关于配位场理论的研究具有创造性的发展，成为当时关于络合物的最得力的理论。1981年戴安邦（1901～1999年）对硅酸聚合作用的新发现，有力地推动了对硅酸聚合反应动力学的研究。1992年，我国化学家湛昌国（1960～）建立了最大重叠对称性分子轨道模型，实现了对价键理论的突破。另外，在有机化学研究领域、物理化学研究领域、生物化学领域皆有显著成绩。

四、天文学

1859年，我国学者李善兰与英国人伟烈亚力合译《谈天》，这是中国人首次接触现代天文学。《谈天》又名《天文学纲要》，是英国天文学家J.F.赫歇耳的名著，全书不仅对太阳系的结构和运动有比较详细的叙述，而且介绍了有关恒星系统的一些知识。伴随着西方列强对中国的殖民化进程，近代天文机构也开始在中国出现。1873年，法国天主教会在上海建立徐家汇天文台，开展天文、气象和地球物理等综合性观测和研究工作，同时为各国海运和中外商界提供气象和时间等服务。1900年建立余山天文台，配置了当时亚洲最大的40厘米折射望远镜，开展对星团、星云、双星、新星、太阳和彗星等的观测研究工作。与此同时，德国、日本也先后在青岛和台湾建立了观象台。

1927年4月，南京"国民政府"成立"时政委员会"，以编制、颁布国民历。1928年成立天文研究所，选择紫金山作为天文台台址，先后建成子午仪、赤道仪、变星仪等天文观测仪器，这是第一个真正由中国人独立创建起来的天文台。1934年紫金山天文台正式建成，其任务是观测天体方位，以从事理论天文学研究；观测天体形态、光度、光谱，以从事天体物理学研究；编历授时；测量经纬度及子午线等。早年留学归国的学者高鲁、秦汾、王士魁、李珩、吴大猷、沈睿、周培源、张云、张钰哲、程茂兰、潘璞、戴文赛等人引进西方现代天文学，建立起中国自己的天文研究机构，使天文彻底摆脱了在中国古代被赋予的官方性、政治性和神秘性，成为现代科学体系中的一门分支学科。

　　新中国成立以后，天文学研究和教育虽然历经曲折但仍然取得了举世瞩目的巨大进展。至 1978 年，中国从无到有地建立了射电天文学、理论天体物理学和高能天体物理学以及空间天文学等学科；填补了天文年历编算、天文仪器制造等方面的空白；组织起了自己的时间服务系统、纬度和极移服务系统；在诸如世界时测定、光电等高仪制造、人造卫星轨道计算、恒星和太阳的观测与理论、高能天体物理学理论研究以及天文学史的研究等方面取得不少重要的成果。

　　改革开放以来，中国天文学突飞猛进，天文台（站）建设与装备，以及天文学研究、教育和普及都取得了前所未有的进步。在天体测量研究方面，1986 年陕西天文台建成了高精度长波授时台。地球自转参数测定实现了由经典仪器向人造卫星激光测距仪和甚长基线干涉仪等现代化仪器的过渡。星表研究成为我国天体测量中的一项有特色的研究，既满足了国内大地测量的要求，又为星表做出了贡献。地球自转研究同地球动力学结合起来，发展成为天文地球动力学。

　　在天体力学研究方面，突出开展了人造卫星动力学和小行星运动研究。我国天文观测者多次圆满完成人造卫星观测任务，并且发展了精密定轨和轨道改进的技术和理论，为我国航天事业赶超世界先进水平做出了巨大的贡献。发现并已获永久编号的小行星 100 多颗。

　　在太阳物理研究方面，在 21 周和 22 周太阳活动峰年期间，我国天文工作者进行了多次联合观测，组织和参与了"日不落"连续太阳磁场国际合作观测，取得了大批有价值的耀斑资料；发现了毫秒级射电爆发许多特征，增长了对太阳活动规律的认识，成功地进行了太阳活动预报。此外，还成功地组织了多次日食观测，取得了大量宝贵资料。

　　在恒星物理研究方面，我国天文学家发现了许多耀斑、共生星、行星状星云、超新星和一些有趣的恒星活动现象。在恒星对流和中子星类别方面提出了有特色的理论。在星系和宇宙学方面，发展了搜索类星体候选天体的技术，成功地发现了大量类星体候选天体。

五、地质学

地质学作为近代自然科学的一部分，诞生于 18 世纪末至 19 世纪初，但中国人进入这一领域比西方人晚了 100 多年。1909 年京师大学堂（现北京大学）设地质学门，这是近代中国第一个地质学机构。辛亥革命后的 10 多年里，一些从海外归来的学者们开拓拼搏，奠定了中国地质学的基础。1922 年中国地质学会成立，创立会员 26 人。1928 年中央研究院地质研究所成立，许多大学也纷纷设立地质学专业。

从 20 世纪初到 40 年代，中国地质事业克服重重困难向前迈进，中国地质学家们的研究成果得到了国际同行的承认和尊重。我国地质学界在地层学、古生物学、构造地质学和大地构造学方面建立了扎实的基础，区域地质学取得了重要进展，完成了 1：300 万的中国地质图，发现了一批矿藏资源，水文地质学、工程地质学和地球物理探矿也开始萌芽。其中，重大成果有：1929 年和 1936 年发现北京猿人头盖骨；1939 年李四光在伦敦出版《中国地质学》；30 年代和 40 年代之交发现玉门油田并提出陆相生油理论；1943 年黄汲清发表中国历史大地构造研究的奠基之作《中国主要地质构造单位》。章鸿钊、丁文江、翁文灏和李四光是我国地质学的创始人，而黄汲清、谢家荣、赵亚曾、孙云铸和杨钟健则是这一时期中国地质学界的杰出代表。

1986 ~ 1989 年，一部总结性、综合性专著《中国地质学》的出版代表了新时期中国地质学的学术水平。1996 年第 30 届国际地质大会在北京隆重召开，体现了中国地质界在国际地质学界享有的崇高地位。学科的发展不仅为推动地球科学理论的进步做出了贡献，也为解决我国资源、能源、环境、工程建设和防治地质灾害方面的重大问题和新技术的开发打下了坚实的基础。

六、数学

1840 年鸦片战争后，随着中国国门被迫开放，也掀起了第二次翻译引进西方学术著作的高潮。主要译者和著作有：李善兰与英国传教士伟烈亚力合译的《几何原本》后 9 卷（1857），使中国有了完整的《几何原本》中译本；《代数学》13 卷（1859）；《代微积拾级》18 卷（1859）。李善兰与英国传教士艾约瑟合译《圆锥曲线说》3 卷。华蘅芳与英国传教士傅兰雅合译《代数术》25卷（1872），《微积溯源》8卷（1874），《决疑数学》10卷（1880）等。在这些译著中，创造了许多数学名词和术语，沿用至今。

中国现代数学的建立则是从20世纪初开始的。清末民初的留学活动为中国培养了第一代数学家和数学教育家，如1903年留学日本的冯祖荀，1908年留学美国的郑之蕃，1910年留学美国的胡明复和赵元任，1911年留学美国的姜立夫，1912年留学法国的何鲁，1913年留学日本的陈建功和留学比利时的熊庆来（1915年转留学法国），1919年留学日本的苏步青等人，为中国近现代数学发展做出了重要贡献。随着留学人员的回国，各地大学的数学教育逐步开展起来。最初只有北京大学1912年成立时建立的数学系，1920年姜立夫在天津南开大学创建数学系，1921年和1926年熊庆来分别在东南大学（今南京大学）和清华大学建立数学系，不久武汉大学、齐鲁大学、浙江大学、中山大学陆续设立了数学系，到1932年各地已有32所大学设立了数学系或数理系。1930年熊庆来在清华大学首创数学研究部，开始招收研究生，陈省身、吴大任成为国内最早的数学研究生。30年代出国学习数学的还有江泽涵、陈省身、华罗庚、许宝骙等人，他们都成为中国现代数学发展的骨干力量。

1935年中国数学会成立大会在上海召开，共有33名代表出席。1936年《中国数学会学报》和《数学杂志》相继问世，标志着中国现代数学研究的进一步发展。解放以前的数学研究集中在纯数学领域，在国内外共发表论著600余种。在分析学方面，陈建功的三角级数论，熊庆来的亚纯函数与整函数论研究是代表作，另外还有泛函分析、变分法、微分方程与积分方程的成果；在数论与代数方面，华罗庚等人的解析数论、几何数论和代数数论以及近世代数研究取得令世人瞩目的成果；在几何与拓扑学方面，苏步青的微分几何学，江泽涵的代数拓扑学，陈省身的纤维丛理论和示性类理论等研究做了开创性的工作；在概率论与数理统计方面，许宝骙在一元和多元分析方面得到许多基本定理及严密证明。此外，李俨和钱宝琮开创了中国数学史的研究，他们在古算史料的注释整理和考证分析方面做了许多奠基性的工作，使我国的民族文化遗产重放光彩。

新中国成立后，我国基础数学研究取得长足进步。50年代华罗庚在解析数论和多复变函数研究方面，苏步青在一般空间上的微分几何学领域，陈建功的直交级论研究，吴文俊的示性类与示嵌论研究都不断取得新进展，在国家统一部署下，一个完整的数学研究体系逐步建立起来。到1966年，共发表各种数学论文约2万余篇。除了在数论、代数、几何、拓扑、函数论、概率论与数理统计、数学史等学科继续取得新成果外，还在微分方程、计算技术、运筹学、数理逻辑与数学基础等分支有所突破，有许多论著达到世界先进水平，同时培养和成长起来了一大批优秀数学家。

60年代后期，中国的数学界在片面学习苏联模式的过程中，逐渐偏离国际数学研究主流。1978年11月，中国数学会召开第三次代表大会，标志着中国数学的复苏。此后，一大批优秀成果涌现出来，长期偏离世界主流的倾向得以纠正，在整体微分几何、解析数论、拓扑学、代数几何、非线性泛函分析、多复变函数论等主流方向上跨入世界先进行列，并且在数学机械化、速算法、计算数学等领域取得了原创性的成果，居于世界领先地位。

在解析数论领域，上世纪60年代，陈景润在华林问题和狄利克雷问题研究上取得重大进展，1973年陈景润又在哥德巴赫猜想的研究中取得突出成就。

在函数理论研究领域，杨乐、张广厚两人长期从事复变函数论研究，两人密切合作，在国际上首次提出并建立了值分布论中过去被认为彼此无关的两个基本概念——"亏值"和"奇异方向"的联系，并且作出了定量的表达。他们的研究，推动了函数理论的发展。关肇直院士在泛函分析、中子迁移理论和现代控制理论等方面的研究成果居于国际学术研究的前列，他的研究推动了中国的泛函分析专门化和现代控制理论专门化。

在微分几何学领域，苏步青院士是我国在该领域研究的开拓者。20世纪80年代，我国青年学者钟家庆开辟了多复变函数论与微分几何的交叉研究领域，在复微分几何与相关问题的研究上取得了国际领先的成果。

在数学机械化领域，吴文俊院士从几何定理的机器证明入手，创立了一整套机械化数学理论，在国际上被誉为"吴方法"。该方法已在计算机图形学、机械设计、理论物理等领域获得重要应用，它将引起数学研究方式的变革。

在应用数学方面，冯康院士首次系统地提出了哈密尔顿系统的辛几何算法，解决了一系列理论和数值计算问题，获得了远优于现有方法的计算效果。这一开创性工作已带动了国际上多辛格式的研究，并在天体力学、分子动力学、刚体和多刚体运动、场论等领域的研究中得到成功应用，从而开创了一个充满活力、发展前景广阔的新领域。此外，中国数学家在函数论、马尔可夫过程、概率应用、运筹学、优选法、生物数学、组合数学等方面也取得相当可观的成就。

第二节　高新技术的成就

一、空间技术

中国是世界上第三个掌握卫星回收技术的国家，卫星回收成功率达到国际先进水平。中国还是世界上第五个独立研制和发射地球静止轨道通信卫星的国家。

1. 地球卫星

1970 年 4 月 24 日，中国成功地发射了第一颗人造地球卫星"东方红 1 号"，成为世界上第五个独立完成研制和发射人造地球卫星的国家。从东方红 1 号成功发射至 2005 年，我国依靠自己的力量研制并发射了 10 多种类型、60 多颗人造地球卫星，这不仅仅是一个简单的量的变化，而是中国空间科学事业发展史上质的飞跃。

1971 年 3 月 3 日，实践 1 号科学试验卫星由长征 1 号火箭发射升空并进入近地轨道。它在轨道上运行了 8 年多，向地面发回了大量科学探测和试验数据。1981 年 9 月，我国用一枚运载火箭同时发射了实践 2 号、实践 2 号甲和实践 2 号乙三颗科学实验卫星，实现一箭多星的目标。以后又相继发射了"实践 4 号"、"实践 5 号"卫星，获取了大量空间探测数据。在多项空间科学试验以及卫星工程新技术试验方面都取得圆满成功。

1984 年 4 月，东方红 2 号地球静止轨道通信卫星发射和定点成功之后，圆满完成了各种卫星通信试验。在此基础上研制和发射了 4 颗东方红 2 号甲实用通信卫星。1997 年 5 月发射的东方红 3 号通信广播卫星，已纳入我国卫星通信业务系统，为很多部门提供了服务，社会经济效益十分明显。

1988 年 9 月 7 日，中国第一颗气象卫星风云 1 号发射升空，获得高质量卫星遥感图像，得到了世界气象部门的认可。在风云 1 号的基础上，又研制了中国的第一颗静止轨道气象卫星风云 2 号，于 1997 年 12 月 1 日正式交付使用。

1999 年 10 月，中国与巴西联合研制的资源 1 号卫星发射成功。2000 年 9 月，我国自行研制的更为先进的资源 2 号卫星发射成功 所接收到的卫星图像资料，广泛应用于农业、林业、水利、矿产、能源、测绘、环保等众多领域。资源卫星的研制和发射成功，标志着我国传输型遥感卫星研制取得了突破性进展。

我国自行研制的第一颗导航定位卫星——北斗导航试验卫星，于2000年10月31日凌晨0时2分在西昌卫星发射中心发射升空，并准确进入预定轨道。同年12月，第二颗北斗导航试验卫星从西昌卫星发射中心升空并入轨。北斗导航系统是全天候、全天时提供卫星导航信息的区域导航系统。2003年5月25日，我国又成功地将第三颗北斗导航试验卫星送入太空。卫星导航系统建成后，主要为公路交通、铁路运输、海上作业等领域提供导航服务，对我国国防和经济建设起到积极推动作用。

2004年4月18日23时59分，我国在西昌卫星发射中心用长征2号丙运载火箭，成功地将试验卫星1号和纳星1号科学实验小卫星送入太空，这标志着我国小卫星研制技术取得了重要突破。试验卫星1号是我国第一颗传输型立体测绘小卫星，主要用于国土资源摄影测量、地理环境监测和测图科学试验。纳星1号是一颗用于高新技术探索试验的纳型卫星，卫星的成熟技术将用于光学成像观测和环境、资源、水文、地理勘察及气象观测、科学实验等。

2. 运载火箭

中国自主研制了12种不同型号的长征系列运载火箭，适用于发射近地轨道、地球静止轨道和太阳同步轨道卫星。截至2005年4月，长征系列运载火箭共进行了84次发射，成功地将90余颗中国和外国制造的卫星、4艘神舟无人飞船和神舟5号载人飞船送上太空。从1996～2005年，长征系列运载火箭已经连续42次成功发射。

长征系列运载火箭近地轨道最大运载能力达到9200千克的长征2E捆绑火箭，经适当改进后，还可以用来发射小型载人飞船。在长征2号火箭基础上于1984年成功研制出长征3号运载火箭，其成功发射标志着中国运载火箭技术跨入世界先进行列，是中国火箭发展史上一个重要里程碑。它首次采用了液氢、液氧作火箭推进剂；首次实现火箭的多次启动；首次将有效载荷送入地球同步转移轨道。

长征系列近地轨道最大运载能力达到9200千克，地球同步转移轨道最大运载能力达到5100千克，基本能够满足不同用户的需求。1985年中国政府将长征系列运载火箭投入国际商业发射市场，已将 27 颗外国制造的卫星成功地送入太空，在国际商业卫星发射服务市场中占有一席之地。

3. 航天发射中心

目前，中国已建成酒泉、西昌、太原三个航天器发射中心，中国航天器发射中心能完成国内发射任务，又具有为国际商业发射服务和开展其他国际航天合作的能力。

酒泉卫星发射中心始建于 1958 年，是中国建设最早、规模最大的卫星发射中心，主要用于执行中轨道、低轨道和高倾角轨道的科学实验卫星及返回式卫星的发射任务。以创下发射第一枚近程弹道导弹、发射第一枚地地导弹、发射第一枚导弹核武器、发射第一颗人造地球卫星、发射第一颗返回式卫星、胜利地实现第一次洲际导弹的太平洋发射、第一次"一箭三星"、第一次向国外卫星提供搭载服务、建成中国第一个现代化的载人航天发射场九个第一而载入中国史册。在我国成功发射的卫星中，有三分之二由该中心发射。我国的七艘神舟号飞船是在此成功发射的。

西昌卫星发射中心从 1970 年开始筹建，1983 年建成，共有测试发射、指挥控制、跟踪测量、通信、气象和技术勤务六大系统，拥有上万台先进精良的设备仪器，是世界上一流的发射中心。为适应对外发射服务，中心建成了亚洲最高大的卫星厂房，还是中国目前唯一地球同步轨道卫星发射中心，迄今已先后将 30 多颗国内外卫星送入地球同步轨道。西昌已被确定为举世瞩目的"嫦娥工程"的发射场系统所在地。从单一型号火箭发射到多种型号火箭发射，从发射国产卫星到承担国际商业发射，从发射地球同步卫星、极轨卫星到将要开展探月卫星发射等，如今的西昌卫星发射中心已跻身世界先进行列。

太原卫星发射中心于 1967 年建成投入使用，能够完成气象、资源、通信等多种型号的中、低轨道卫星的发射任务。已成功完成了多种运载火箭、风云 1 号气象卫星、铱星模拟星、铱星等大型发射试验任务。除美国摩托罗拉公司的铱星通信卫星外，中国与巴西合作的资源卫星等陆续在此发射。

4. 载人航天

中国的载人航天研究成果骄人。1975 年，我国成功地发射并收回了第一颗返回式卫星，使我国成为世界上继美国和苏联之后第三个掌握了卫星回收技术的国家，为我国开展载人航天技术的研究打下了坚实的基础。

1992 年 1 月，中国政府批准正式启动载人航天工程。1999 年 11 月 20 日，我国自主研制的第一艘试验飞船"神舟一号"首次成功发射，经过 21 小时 11 分的太空飞行，"神舟一号"顺利返回地球。2001 年 1 月 10 日又成功发射了"神舟二号"无人飞船，按照预定轨道在太空飞行近 7 天、环绕地球 108 圈后返回，这是新世纪全世界第一次航天发射，标志着中国载人航天事业取得了新进展，向实现载人航天飞行迈出了可喜的一步。2002 年 3 月 25 日，"神舟三号"无人飞船成功发射并于 4 月 1 日顺利返回，这是中国发射的第一艘完全处于载人状态的无人飞船，表明中国航天已掌握了天地往返技术，并突破了一系列关键技术。2002 年 12 月 30 日，"神舟四号"无人飞船发射成功，这是中国载人航天工程进行的第四次无人飞行试验，也是"神舟"飞船在无人状态下考核最全面的一次飞行试验。2003 年 10 月 15 日 9 时，神舟五号载人飞船在酒泉发射中心成功发射，将中国航天员杨利伟送上太空，飞船连续绕地球飞行 14 圈以后，于 16 日 6 点 23 分安全着陆，航天员自主走出返回舱。这次航天飞行任务的圆满完成，使中国成为继俄罗斯和美国后，世界上第三个将人类送入太空的国家。2006 年 10 月 12 日至 16 日，航天员费俊龙、聂海胜乘神舟六号进入太空并胜利返回。2008 年 9 月 25 日，中国航天员翟志刚、刘伯明、景海鹏乘神舟七号飞船进入太空，9 月 27 日，翟志刚身着国产舱外航天服进入太空，首次完成太空行走，在我国航天史上谱写了辉煌的一页。

中国现已拥有完整的航天测控网，包括陆地测控站和海上测控船，圆满完成了从近地轨道卫星到地球静止轨道卫星、从卫星到试验飞船的航天测控任务。中国航天测控网已具备国际联网共享测控资源的能力，测控技术达到了世界先进水平。

二、核技术

我国的核技术研究始于 1955 年初，1964 年 10 月成功试爆第一颗原子弹震惊了全世界，使中国成为继美国、苏联、英国后第四个掌握原子弹的国家。1967 年 6 月，又成功地进行了首次氢弹空爆试验。1971 年 9 月中国的第一艘核动力潜艇下水。"两弹一艇"尖端武器设备的成功，标志我国进入核大国行列，增强了国防实力和综合国力，成功地打破了超级大国的核垄断与核讹诈。并使我国在一些原属空白的重要科技领域取得了重大进展，缩短了与世界发达国家的差距。

经过20多年的努力，我国于1991年自主设计建成第一座核电站——秦山核电站，装机容量为31万千瓦。第一座百万千瓦级（298.4万千瓦）核电站——大亚湾核电站则由中法合作建设，于1994年2月投入商业营运，每年发电量超过100亿度。截至2004年9月，我国共有9台核电机组投入运行，装机容量达到700万千瓦。始建于1999年10月的我国最大的核电站——田湾核电站到2005年在建机组全部投产后，我国核电保有11台机组、900万千瓦，占全国发电装机总容量的2%左右。通过核能发电，我国可以减少燃煤消耗，从而大大减少了导致温室效应和酸雨的气体排放量，包括减少二氧化碳、二氧化硫、一氧化氮排放，以及减少空气中的尘埃数。1991年12月，我国与巴基斯坦签订出口130万千瓦核电站合同，是当时中国最大的核出口项目，成为世界上为数不多的能够出口核电站的国家之一。2004年5月，中国与巴基斯坦又签订了合作建设恰希玛二期核电站项目合同。

核技术应用的产业化领域主要有核医学应用、同辐技术在工业上的应用、同辐技术在环境治理中的应用三个方面。我国核技术应用主要在放射源生产、核医学诊断和集装箱检测系统等方面取得了一定的成果，有些技术成果达到世界一流水平。截至2003年，我国已有7个放射性药物生产基地，千家医院采用核医疗技术，大大提高了医疗水平，每年约有2000多万人次接受放射免疫检测和体内治疗。我国利用辐射诱变技术已在40多种植物上累计育成500多个新品种植物，约占世界辐射诱变育成品种总数的四分之一，每年为国家增产粮食30～40亿公斤。食品辐照技术得到大力推广，辐照数量也日益扩大。截至2004年，我国的年食品辐照量已超过了10万吨以上，是世界上食品辐照量最多的国家。我国自行开发的微中子源反应堆，先后出口到4个发展中国家，我国还向巴基斯坦出口了核电站技术，向西方国家出口了核电站用的核燃料。我国的核技术水平总体来说已接近世界先进水平，有的技术甚至已达到世界领先水平。

三、激光技术

激光作为一种具有方向性好、高亮度、高质量、单色性好、相干性好等多项优异特点的新光源，被广泛应用于医学、工业、国防、通信等领域，成为当代高新技术的代表之一。1960年世界上第一台激光器产生。1961年在王之江教授（1930～）的带领下，中国科学院上海光学精密机械研究所成功研制了我国第一台红宝石激光器。1964年我国用激光演示传送电视图像，并实现了远距离（3～30公里）通话。1965年5月，激光打孔机成功地用于拉丝模打孔生产。1965年6月，激光视网膜焊接器进行了动物和临床实验。1965年12月，研制成功激光漫反射测距机（精度为10米／10公里），1966年4月，研制出遥控脉冲激光多普勒测速仪，用于国防工程。我国初期的激光技术的发展速度是很快的，与当时的国际水平接近。

1964年我国启动了"6403"高能钕玻璃激光系统研究，使我国激光技术的水平上了一个台阶。1965年又开始了高功率激光系统核聚变研究，1966年制定了研制15种军用激光整机等重点项目。这些工作的开展与实施，有力地带动了激光技术在各个领域的发展，也为以后的研究与应用奠定了基础。

核聚变是地球未来清洁能源的希望所在，激光驱动装置是实现受控核聚变的关键设备。我国于1987年建成的第一台惯性约束聚变激光驱动器——神光1号，输出功率为2万亿瓦，达到国际同类装置的先进水平。该装置在ICF和x射线激光等前沿领域取得了一系列重大成果。其后，中国科学院上海光学精密机械研究所等单位对神光1号装置进行改造升级，研制了规模扩大4倍、性能更为先进的神光2号装置，其总体性能位居全世界前五名，对基础科学研究、高技术应用和国家安全具有重要意义。目前，神光3号装置已开始研制，总体设计和关键技术研究都取得了一些高水平的成果。

在新型激光器技术方面，我国研制的3.8微米的氟氘激光器（DF）和1.315微米短波长氧碘激光器（COIL）在功率和光束质量方面仅次于美国，达到国际先进水平。在自由电子激光器和多波长可调谐激光方面也取得了很大的进展。我国发明的BBO、LBO晶体以及KTP、钛宝石等晶体也以优异的质量在国际市场享有盛誉，并占有一定的份额。

四、新材料技术

新材料作为高新技术的基础和先导，应用范围极其广泛，涉及人类生活各个方面，在国民经济中占有着越来越重要的地位，并以其高性能、多功能、低成本等特点而备受推崇。我国对新材料的研究开发及应用给予高度重视，促进新材料技术成果的广泛应用，主要表现在加大新材料成果的转化，先后在各地批准兴建了一批颇具规模的新材料产业基地，在稀土永磁、人工晶体、超导材料、纳米材料等领域的开发，已达到国际先进水平。世界上 5 家大型锂离子电池企业中，我国占了 2 家。

2004 年，中国科学院的科学家江雷（1965）领导的研究小组成功地通过调节光和温度实现了纳米结构表面材料超疏水与超亲水之间的可逆转变，制备出超疏水／超亲水开关材料，这两项研究成果应用于基因传输、无损失液体输送、微流体、生物芯片、药物缓释等领域，前景极为广阔。同时该小组还致力于纳米材料的产业化工作，将功能纳米界面材料技术应用于纺织、建材等领域，成功地开发了一系列具有超双疏、超双亲特性的自清洁领带、丝巾、羊绒衫、西服等纺织产品和自清洁玻璃、瓷砖、涂料等建材产品。2005 年，由中国科学院长春应用化学研究所研制的一种新型防燃爆材料——稀土复合涂料，可以有效防护采煤作业由于物体摩擦、碰撞产生火花引起空气中的瓦斯爆炸，从而大大增强了煤矿生产安全。此涂料不仅应用于煤矿作业中，还可用于航空、航天、建筑、石油、化工等领域。

2004 年，清华大学新型陶瓷国家重点实验室的研究成果——高性能纳米陶瓷粉体材料、抗菌保健功能纤维及其制品被北京赛奇特种陶瓷功能制品工程研究中心开发成具有保健功能的内衣、护具和床上用品等纳米陶瓷复合功能纤维纺织品及化妆品、养生功能饮水器具等生活用品。该项技术成果已达到国际先进水平。

我国在高分子材料（硅橡胶、热收缩材料）、复合材料（镀膜材料、人造金刚石及硬质合金）、先进陶瓷材料(压电陶瓷、结构陶瓷、信息陶瓷）、纳米材料等方面也打下了很好的基础。新材料产业正日益成为我国一个新的经济增长点。

五、计算机技术

1946 年世界上第一台电子计算机在美国诞生，当时我国的科学大师华罗庚、钱三强等人就开始思考计算机在我国的发展前景。1951 年起，他们开始聚集相关领域的人才，加入计算机事业的行列中。1956 年我国制定 12 年科学技术发展规划，将计算机技术列入优先发展的项目，中国科学院成立了计算技术、半导体、电子学及自动化四个研究所。1958 年，在苏联专家的帮助下，我国研究成功每秒运算 2500 次的数字式电子计算机——103 机，次年又研制出每秒运算 10000 次的 104 机。我国自行设计的第一个编译系统也于 1961 年试验成功。1964 年，我国研制出每秒运算 50000 次的电子管计算机，这是当时运算速度最快的电子管计算机，但当时美国等先进国家已转入研制晶体管计算机。同年，哈尔滨军事工程学院慈云桂教授等人自行研制了我国第一台晶体管计算机 –4418 机，每秒运算达 8000 次。1965 年，4418 改进到每秒运算 20000 次。1973 年我国自行研制的集成电路计算机——150 机，突破了每秒运算百万次大关，该机的操作系统也由北京大学自行设计完成。

　　1973 年国防科委副主任钱学森根据飞行体设计的需要，要求中科院计算所在 20 世纪 70 年代研制出一亿次高性能巨型机，80 年代完成十亿次和百亿次高性能巨型机，并且指出必须考虑并行计算的道路。这项任务由于十年干扰，到 1984 年才初步完成。1993 年，10 亿次巨型机银河 II 型通过鉴定。2002 年 8 月，我国每秒万亿次的联想深腾问世。2004 年 6 月，10 万亿次的曙光 4000A 交付使用。

　　个人计算机在我国计算机产业中占有相当重要的地位，1977 年 9 月，电子部计算机工业管理局召开了第一次微型计算机专业会议，确立了根据我国国情，充分利用有利时机和一切可能条件，直接采用世界上新的又适合我国需要的先进技术，加速我国微机工业发展的思路。并提出计算机工业以微小为主的方针，跟踪主流机型和主流器件，面向各行业推广应用。

　　在我国计算机工业的形成阶段，由于计算机配套需要，带动了集成电路工厂 IC 芯片的生产，并使计算机工业生产逐步形成规模；由于确立了"两小两微"的发展方针，为计算机工业生产的发展奠定了良好的基础，产业结构逐步趋于合理，计算机应用市场也得到大力开拓。

　　计算机产业是一个产业链。软件发展依赖于整机和应用需求的发展，整机的发展依赖于芯片、部件及需求的发展，芯片的发展依赖于"集成电路生产线大三角形"的发展，这里集成电路生产线大三角形是指集成电路生产线的三大部分，即大底座、中间层和顶层。大底座即半导体材料制造，中间层是各种高速低功耗电路设计，顶层是硅编译等软件，即把逻辑设计图变成为工程布线图。20世纪70年代后期开始研制的计算机，几乎全部都使用进口元器件、进口部件。国产集成电路等计算机元器件远远不能满足需要。21世纪以来，李德磊的方舟、胡伟武负责的龙芯以及多思、国安等"中国芯"不断涌现，计算机产业链国产化又前进了一大步。

龙芯系列微处理器是以中国科学院计算技术研究所研制的龙芯通用微处理器为基础的，并与国际上同类主流微处理器兼容。用龙芯微处理器可以构成更安全的计算机系统，对防御黑客与病毒攻击有重要作用。2002年龙芯一号通用微处理器的研制成功，标志着我国在现代通用微处理器设计方面实现了零的突破；打破了我国长期依赖国外CPU产品的无芯的历史，也标志着国产安全服务器CPU和通用的嵌入式微处理器产业化的开端。国内一批知名龙头IT企业发起并成立了龙芯产业化联盟，标志着我国一条自主知识产权的IT产业链条已经正式启动，形成国产关键技术的强大推动力。

第三节　软科学的形成与发展

一、软科学涵义

软科学的名称是借助计算机软硬件之名得来的，软科学发展的开端就是管理科学的建立，最初的管理是为了加快生产速度和提高效率，就是按照科学方法分析人在劳动中所需要的精确的工作操作，省去多余的不必要的动作，实行高度精确的计算，制定完善的监督制度促使工人提高劳动强度以便提高效率。这种最初的管理注重的是效率技巧。然而随着科学的进步、生产规模的扩大，管理的问题也越来越复杂，管理的对象也日趋复杂化，最初的凭借经验而进行的简单的管理已不适应社会发展的需要，于是人们借助数学等一些自然科学的方法来进行管理，特别是电子计算机的发明以及后来广泛应用于管理方面，大大地推动管理的进一步发展，产生了管理科学，也就是最初的软科学。

钱学森认为，"软科学作为一门新兴的科学技术，主要在我国社会主义建设中解决组织、管理和决策这几个方面的问题，为领导提出咨询意见。所以说软科学不仅是科学还包括许多技术工作。实际是软科学技术，软科学又是社会科学的应用，所以也可以成为社会技术。这就是软科学的性质"。

夏禹龙（1928～）等主编的《软科学》中的定义："软科学是一门高度综合的新兴科学，也可以是一类学科的总称。它综合应用自然科学、社会科学以及数学哲学的理论和方法，去解决现代科学、技术、生产的发展而带来的各种复杂的社会现象和问题。研究经济、科学、技术、管理、教育等社会环节之间的内在联系及其发展规律，从而为它们的发展提供最优化的方案和决策"。

成思危（1935～）2002 年 8 月为《软科学纲要》写的序中称："软科学是一门新兴的综合性学科，它的研究对象是复杂的社会、经济、技术系统。包括其组织、计划、控制、指挥、协调、交流等各方面的问题。其主要目的是为各种类型及各个层次的决策提供科学依据"。

综上所述，软科学是一个涉及自然科学、社会科学、人文科学等众多科学的学科群；软科学研究的对象是包括人在内的复杂的社会系统；软科学研究的方法是综合运用数学、物理、哲学等各种学科的方法、技术（如定量分析、定性分析及电子计算机技术）；软科学研究的目的是为决策科学化、民主化服务的。

二、中国软科学的发展历程与成果

我国软科学的形成不是偶然的现象，而是科学技术、经济、社会发展到一定阶段的需要，我国软科学的兴起，标志着我国正逐步实现管理、决策、组织等方面的民主化、科学化与规范化。中国软科学研究的发展大致可以分为四个阶段。

第一阶段，从 1950 年至 1977 年，起步与缓慢发展阶段。

新中国经济的发展繁荣、科学技术的进步，也相应地带来一系列复杂的问题：国家、部门和企业的宏观管理的问题；社会、经济、科技协调发展的问题；制定相应的科技政策和科技规划的问题等。解决这些问题引起科学家们的高度重视，并促使科学家们在发展科学技术并把科学技术成果应用于国家建设发展的同时，对软科学研究领域也进行了深入的探讨。我国早期的软科学研究就是在这样的一个背景下开始起步的。1956 年中国科学院成立了我国的第一个运筹学小组。1958 年成立了我国第一个软科学研究学术团体——中国运筹学研究会，1960年底中国科学院的力学所和数学所的两个运筹学小组合并为运筹学研究室，开始了系统工程的基础理论研究，面向全国推广数量管理。

20世纪50年代末，我国著名的数学家华罗庚从运筹学方法中归纳出"统筹法"与"优选法"并直接运用到各个行业，如在交通运输部门中解决运输问题的最优决策方法——"图上作业法"；在农村运用的"打麦场设计方法"等这些都是具有当时中国特色的软科学方法。

在我国的第一个五年计划156项重点工程建设方案的制定和设计过程中，都进行了大量的技术经济分析。1956～1967年的12年科学技术发展规划是我国颇有成效的一个科技发展规划，也是我国早期软科学研究的成就之一，是我国集中了大量的人力，在对我国经济状况进行了系统的分析，对国内外的科技发展趋势进行了科学预测的基础上制定出来的。

系统科学在我国得到了初步的发展。计划协调技术、计划程序预算系统以及一些预测技术和决策技术等被引入我国，广泛地应用于导弹、原子弹以及空间科学事业的发展中。我国著名科学家钱学森非常重视系统科学的研究，在他的大力倡导下，一些大型自然科学研究机构纷纷开始对系统科学展开研究，并建立了系统工程研究室。系统科学开始被应用于国民经济的宏观管理和组织决策。20世纪60年代初期，中国科学院成立了专门的研究小组，研究投入产出法，为国家宏观管理部门平衡测算国民经济计划，分析国民经济活动及制定经济、科技和社会协调发展规划提供了科学的方法和技术手段。

第二阶段，从1978至1985年，稳步发展阶段。

1978年党的十一届三中全会以后，我国的社会主义现代化建设进入了一个全新的时期，迎来了我国经济与科学技术蓬勃发展的新局面。软科学被应用到社会主义现代化建设的各个部门、各个层次中去，软科学自身也在实际应用中不断得到发展壮大。

随着软科学在各领域的广泛应用，软科学研究的范围也日益扩大，遇到的决策问题越来越复杂，科学家们意识到仅仅依靠以往的经验型决策已远远不能适应各部门各层次发展的需要，一个正确决策的制定，不仅要依靠个人或个体单位长期积累的经验和智慧，还要听取领导层的经验与建议，更重要的还要咨询到所要提供决策的这一行业的专家学者们，依靠各种现代智囊机构，应用多学科知识来弥补决策者个人的才智和知识的不足，以保证决策的正确性、严谨性、科学性。

20世纪70年代末期，我国已经开始软科学的引进活动，活跃了学术气氛，并将大量成果应用到经济建设和社会发展中。我国还建立了一批软科学研究机构，1982年4月，建立了我国著名的农村政策研究机构——国务院农村研究发展中心；1982年5月，国务院成立了国际问题研究中心；1982年6月，在国家科委、中国科学院和中国科协的联合支持下，成立了中国科学学与科技政策研究会；1982年10月，建立了我国科学系统最具权威性的软科学研究机构——中国科学技术促进发展研究中心；1984年年底，建立了我国第一所以中青年经济学家为主组成的在经济体制改革方面为国务院的重大决策提供咨询服务的智囊机构——中国经济体制改革研究所；1985年6月，国务院将我国最早的国家级"智囊团"即经济研究中心、技术经济研究中心和价格研究中心合并，成立了国务院经济技术社会发展研究中心。

很多地方政府将作为机关职能部门的政策研究室等扩大成为独立的软科学研究机构。许多高等院校设立了软科学研究专业，展开了软科学的研究活动。在社会上，由于社会发展的需要，一批咨询机构也相继成立。许多自然科学研究机构也建立了专门的软科学研究组织，许多自然科学家们和工程技术人员也开始关注软科学研究领域，并展开深入研究。

软科学界的各类学术研讨会相继举行，掀起了软科学研究的一次高潮，各种新观点、新思想、新理论层出不穷，大批专著和论文纷纷出版发行，大量研究成果被采用，有的成果直接为领导者与管理者在决策与管理中所采用，有的成果为决策与管理提供了数据、信息与背景资料，有的成果则为进一步研究提供了基础。这些成果的应用带来了显著的经济效益和社会效益。"截至1985年底，全国有各类软科学研究机构420个，从事软科学活动人员15000余人，完成各类软科学课题1700余项。"

第三阶段，从1986年至2000年，飞速发展阶段。

1986年7月，全国软科学研究工作座谈会在北京召开。时任国务院副总理万里在会上作了题为"决策民主化和科学化是政治体制改革的一个重要课题"的报告。有关部门的领导出席了会议，并作了相关发言。与会代表积极发言，交流意见，总结经验，共商我国的软科学事业的发展问题。这次会议的召开，标志着我国的软科学研究进入了一个新的历史发展时期，是我国软科学发展史上的一个重要转折点。

在这个阶段，我国陆续已有的一批专为高层次决策服务的专业性软科学机构得到了很大的发展，如中国科学院的科技政策与管理科学研究所是我国在科技领域的另一个综合性软科学研究机构，是我国科学学、运筹学方面权威性软科学研究机构；主要研究国民经济发展中宏观经济管理有关技术经济的问题，为国家制定宏观经济政策提供咨询服务的国家计委技术经济研究所。

至此，我国已有 20 多个比较著名的软科学研究机构，有国家的、地方的、高校的等多种形式。其所研究的课题有国家级的宏观管理和决策问题，有行业、地区发展的问题，也有具体到工厂、产品经营开发的微观问题。软科学研究不仅在国家级宏观管理决策中、在区域产业发展中产生了显著的效益，在企业管理、工程技术上也产生了十分明显的经济效益，如在 1986 年发布了能源、交通运输、通信等 12 项技术政策，其制定都是建立在软科学研究基础之上的；上海饮用水水质改善的可行性研究、上海港新灌区选址可行性研究、上海市 2000 年科技发展战略研究等，不仅解答了上海市领导面临的许多重大决策问题，还取得了巨大的经济效益；有一些濒临倒闭的工厂，通过实施软科学研究所提供的有关方案而恢复了生气；有些企业中的老大难问题，通过软科学研究找到了解决的办法。

随着软科学研究活动的不断增多，软科学研究队伍的不断扩大，软科学的应用显得越来越重要，我国陆续设立了软科学工作管理机构和研究机构，拨付专项经费，围绕部门的战略、规划、政策、宏观管理等开展一系列软科学研究。国家科技进步奖评审委员会为了鼓励广大科技人员从事软科学研究，把软科学成果也纳入了国家科技进步奖评审范围，省部级科技进步奖评审委员会也对此做出了积极的响应，软科学研究成果的奖励体系逐步形成，极大地推动软科学事业发展。1999 ~ 2000 年，我国有软科学研究机构 1323 个，从事软科学工作的人员达到 3.7 万余人，对软科学研究共投入经费 58547 万元，完成软科学课题 7000 多项。

第四阶段，21 世纪，超越发展阶段。

进入 21 世纪以后，许多国际国内、经济社会、科学技术等问题纷至沓来，面对这种复杂形势，某些局部的单项的科学技术或经济社会措施已经很难适应，只有在加强自身软科学研究的基础上，加大国际国内交流与合作，借助国外的先进经验，依靠各种学科的协调发展与各路专家的群策群力来解决。

近几年来，我国与世界各国在软科学研究方面的国际交流与合作日益活跃和频繁。我国与美国一些著名的思想库，如兰德公司、斯坦福国际咨询研究所、东西方中心、国际技术评价办公室、布鲁金斯研究所、巴特尔公司等，以及加州理工学院、佐治亚理工学院、普林斯顿大学、芝加哥大学、华盛顿大学等一些著名大学的软科学研究机构建立了联系，并通过签订协议、培训人员、人员互访等方式，广泛地开展了软科学合作研究工作。我国与德国政府建立了科技政策和管理研究方面的长期合作关系。两国的软科学机构开展了技术创新、科技预测、中小企业发展和能源供给、需求及优化分配模型的合作研究，并就科技政策、科技管理、预测、评估、战略等开展了广泛的学术交流。我国与法国、英国、日本、澳大利亚、泰国、新加坡等国家的软科学研究机构和软科学专家也建立了联系，合作研究与交流也在不断发展。

2001～2002年中国对软科学研究新开课题共投入经费8.86亿元，完成软科学课题9000多项，其中国际合作1000多项，发表软科学论文6万多篇，为提高决策的科学性、预测的可靠性以及对经济社会重大问题预警做出重要贡献。至2003年全国共有软科学研究机构1634个，科研人员近5万人。

21世纪初我国的决策机制也发生了重大的转变，更加民主、更加开放、更加透明。首次面向社会公开招标国家五年规划研究课题，从解放初的领导决策，改革开放时期的问计于民、集体决策，一直到21世纪的人人皆可建言献策，反映了我国社会越来越进步，政治越来越民主。

我国的软科学是在改革开放的实践中发展起来的，作为科学技术的重要内容之一，软科学始终贯彻"经济建设必须依靠科学技术，科学技术工作必须面向经济建设"的基本方针，在各方面、各领域、各层次开展研究工作，取得了大量的研究成果，为各级领导进行科学决策与现代化管理提供了可靠的依据，成为政府进行决策与制定政策、法规、规划的重要依据，促进了我国决策民主化、科学化的进程与我国现代化建设，取得了显著的社会效益与经济效益。

我国软科学主要研究的方面有：政策与法规研究、战略与规划研究、体制改革研究、重大决策问题和重大项目可行性论证、管理研究等。其代表性的成果主要有：在政策与法规研究方面是为制定政策与法规提供咨询服务，如14项技术政策的研究，这是我国历史上规模上最大的软科学研究工程之一，明确指出了我国的 14 个领域的技术发展目标，提出了促进技术进步的路线与措施。所提交的技术政策要点被国家有关部门采用，并由国务院正式发布实施，对我国的科技攻关、技术改造、技术引进和产业结构调整等发挥了重要的作用；在战略与规划研究方面"2000 年的中国"是我国首次进行的国家级经济科技社会发展战略的研究，为我国 2000 年的发展描绘了蓝图，提出了富国裕民的总体战略及实现发展战略的配套政策体系，对"七五"计划起到了重要的参考作用，也对行业战略和地方战略的研究起了指导与推动作用；在体制改革方面，物价改革研究、住房制度改革研究、工资制度改革研究、科技体制改革研究、社会保障制度的研究等，这些均属我国实行改革开放所急需的决策咨询，为我国的改革开放指引正确的方向，避免改革的盲目进行；在重大问题决策研究和重大项目可行性论证方面，世界新技术革命和我国对策研究为我国发展高新技术的重大决策提供了依据，三峡工程可行性研究、大庆油田开发与地面工程规划方案优选的研究、宝钢长江引水工程可行性研究、发展干线飞机的研究等，为领导的决策发挥了重要的咨询作用；在管理研究方面，人口系统定量研究及其应用为我国制定人口政策、人口规划、对人口系统进行宏观管理提供了科学的理论、方法与工具。我国的软科学工作者还运用现代软科学理论方法与计算机技术相结合，开发了一批先进的管理信息系统和决策支持系统等。如科技计划管理信息系统、财务管理信息系统、人事管理信息系统等，大大地提高了管理效率和水平，也促进了软科学的商品化和产业化。

我国的软科学研究是沿着经济建设和社会发展的需要而发展的，取得了大量的成果，对国家的经济、社会和科技的发展做出了重大的贡献。

第四节　中国的科技进步与和平发展

在 100 多年前，中国还是一个科学技术非常落后的国家，那时的中国几乎没有现代科技，到了 21 世纪初，中国的高科技水平与世界先进水平的整体差距明显缩小，有些科学技术领域甚至已达到世界一流水平。中国的科学技术在这 100 多年间的发展速度被公认为是史无前例的，特别是改革开放的30年是中国科学技术进步的黄金时期，取得了世人瞩目的成就。

中国科学技术的进步带动了经济领域的蓬勃发展。中国在过去四分之一世纪里，国内生产总值由1952年的679亿元增加到2004年的136515亿元；2004年中国对外贸易总额达到11547亿美元，成为世界第三大贸易国；外资的引进与利用由几乎零累计达到6796亿美元；外汇储备由1.67亿美元增加到4033亿美元；高速公路由零公里增加到29800公里；电话用户由192万户增加到2.6亿户，移动电话也是2.6亿户，平均每月新增525万户。多种重要产品产量跃居世界前列。贫困人口由2.5亿降到3000万。1989～2003年的15年中，尽管受到亚洲金融危机、世界经济不景气和"非典"的不利影响，年均增长仍达8.8%，2004年中国国内生产总值比2003年增长9.5%。

伴随着科学技术的进步和综合国力的增强，中国在亚洲和世界舞台的影响力与日俱增。中国作为联合国安理会常任理事国，在国际事务中有重要发言权，对世界和平与稳定发展起着重要的影响和负有不可推卸的责任和义务。中国崛起是举世公认的事实，而中国的和平崛起与科学技术的进步紧密相关。

一、"两弹一星"构筑和平发展的坚实基础

争取和平的最有效手段是发展国防，以备战求和平。中国不怕原子弹，中国反对原子弹。可是在新中国成立之初，西方列强不承认新中国，不愿意看到一个强大的中国在东方崛起。1950年美国将侵略战火烧到鸭绿江边，美国军队进驻台湾海峡，美国总统杜鲁门宣称，考虑使用原子弹。中国时刻受到战争甚至核战争的威胁，严峻的现实迫使中国不得不考虑研制自己的原子弹。

中国需要和平，但和平需要盾牌。1956年在周恩来、陈毅、李富春、聂荣臻主持下，中国制定了《1956至1957年科学技术发展远景规划纲要》，把发展以原子弹、氢弹为代表的尖端技术放在突出位置。1958年5月，毛泽东主席在中共八大二次会议上说："我们也要搞人造卫星！"以毛泽东同志为核心的中共第一代领导集体高瞻远瞩，审时度势，果断做出了发展"两弹一星"的战略决策。一大批优秀科技工作者，包括许多在国外已有杰出成就的科学家，纷纷放弃国外优越的条件，义无反顾地投

身到这一神圣而伟大的事业中来。

1964年10月16日15时，我国第一颗原子弹爆炸成功。中国终于用现代科技证明了自己强大的生命力和创造力。两年之后的1966年10月27日，我国第一颗装有核弹头的地地导弹飞行爆炸成功。1967年6月17日，我国第一颗氢弹空爆成功。1970年4月24日，我国第一颗人造卫星发射成功。

美国从1939年开始研究原子弹，到1957年生产导弹核武器，用了近18年时间；中国从1956年开始导弹和原子弹的研究，到1966年成功进行导弹核试验，仅用了10年时间。从第一颗原子弹爆炸到氢弹爆炸，美国用了7年零3个月，苏联用了4年，英国用了4年零7个月，中国只用了两年多时间，就以最快速度完成了从原子弹到氢弹这两个发展阶段的跨越。中国第一颗人造卫星东方红一号重量为173公斤，比当时的苏联、美国、法国、日本等国的第一颗人造卫星重量总和还要重。卫星的跟踪手段、信号传递方式、星上温控系统也都超过了其他国家第一颗卫星的水平。

"两弹一星"抢占了科技制高点，并带动了其他科学领域的研究，增强了我国科技实力和国防实力，奠定了我国在国际舞台上的重要地位，为我国的和平崛起打下了坚实的基础。正如邓小平同志所指出的，"如果六十年代以来，中国没有原子弹、氢弹，没有发射卫星，中国就不能叫有重要影响的大国，就没有现在这样的国际地位。这些东西反映一个民族的能力，也是一个民族、一个国家兴旺发达的标志"。

二、改革科技体制激活发展动力

现代科学技术的发展离不开现代化的管理，科技体制要适应科技本身发展的规律和特点，一个国家，一个部门，最可怕的落后，莫过于管理体制的落后。中国的科技长期运行在计划管理体制的轨道上，是属于高度集中型的管理体制。科学技术是经济发展的主要动力，是不断提高综合国力的重要基础，中国科技体制必须改革，以适应当今科技的发展，以推动中国和平发展的进程。

我国原有科技体制是在计划经济体制下和国际封锁背景下逐步建立起来的。随着改革开放政策的实施和党的工作重心向经济建设转移，原有科技体制对新时期经济、社会发展要求的不适应开始显现。

20世纪80年代初,在党中央、国务院领导下,以促进科技与经济结合、提高科技自身发展能力为核心,开始了科技体制改革的探索。1985年《中共中央关于科技体制改革的决定》明确提出了"科学技术面向经济建设,经济建设依靠科学技术"的战略方针,并提出以改革拨款制度、推动科技成果商品化为突破口,在科技工作的运行和管理中引入市场机制。

20世纪80年代以来,政府陆续推出了一系列科学技术研究发展的整体计划,旨在战略性地全面提高国家在21世纪的综合科技竞争力。1986年3月,经数百名中国科学家广泛、全面、严格的科学论证,《高技术研究发展计划》(简称863计划)出台,该计划选择了生物、航天、信息、激光、自动化、能源和新材料等高技术领域作为中国高技术研究发展的重点,1996年又增加了海洋技术领域。为了保证该计划的顺利实施,在借鉴国外高技术管理有益经验的基础上,也吸收了60年代我国搞"两弹一星"的组织管理和近年来科技体制改革中的成功经验,制定了一系列行之有效的政策和措施,为科技体制改革和科研组织管理开辟出一条新路。截止到2001年,该计划共获国内外专利2000多项,累计创造新增产值560多亿元,产生间接经济效益2000多亿元。培育出了高技术产业生长点,不仅极大地带动了中国高技术及其产业的发展,也为传统产业的发展提供了高技术支撑。

星火计划是另一项始于1986年的全国性科技计划。旨在依靠科技进步振兴农村经济,在农村普及科学技术、带动农民致富。星火计划通过大批先进适用技术的推广示范,促进了农业技术进步,为农村经济发展注入了新的动力和活力。星火计划率先打破了传统的计划管理方式,以市场为导向,开创了政府利用经济杠杆实施科技计划的新途径。仅在1996～2000年间,星火计划就累计创利2810多亿元,产生了显著的经济效益和社会效益。

1988年国家宣布在全国范围内开始实施一项高科技产业化发展计划——火炬计划。经过10多年的发展,建设和发展了国家高新区,促进了国民经济的快速增长。53个国家高新区为国民经济持续快速健康发展做出了积极的贡献。从1991～2002年,全国53家高新区营业总收入从87.3亿元增长到15326.4亿元,区内企业的出口创汇从1991年的1.8亿美元,增长到2002年的329.2亿美元。通过建立一批被称为孵化器的机构(也称创业服务中心)来加速高新技术成果的转化,至2003年全国已有各类科技企业孵化器400多家,已有6000多家企业从孵化器中毕业,其中30

家已成为上市公司。为促进我国软件产业的发展，已建立了 22 个国家火炬计划软件产业基地，吸引了国内外大量的软件企业入驻，汇集了大批软件人才，成为培育软件产业成长的沃土，2002 年全国 22 家火炬计划软件产业基地实现软件收入 808.7 亿元，占全国软件产业收入的 73.5%。通过项目的实施与引导，高新技术企业从小到大、滚动发展，收入超亿元的企业从 1991 年的 7 家上升为目前的 1800 多家，并扶持和培育了一批如联想、方正、华为、海尔、地奥等著名的高新技术企业。

近 30 年来科技体制改革取得了巨大成就，初步形成了以市场需求为主要导向、按照市场经济规律和科技自身发展规律构筑的研究开发新格局，科技自身得到发展的同时，为经济、社会发展提供了强有力的支撑，为中国的和平发展注入了新的活力。

三、科教兴国提升综合国力

1995 年 5 月，中共中央、国务院发布了《关于加速科学技术进步的决定》，动员全党全社会实施科教兴国战略，加速全社会科技进步。同时召开了全国科学技术大会。强调把科技和教育摆在经济、社会发展的重要位置，增强国家的科技实力及向现实生产力转化的能力，提高全民族科技文化素质，把经济建设转移到依靠科技进步和提高劳动者素质轨道上来，加速实现国家的繁荣强盛。中共十五大再次提出把科技兴国战略和可持续发展战略作为跨世纪的国家发展战略，把加速科技进步放在经济社会发展的关键地位。

科技和教育发展提升了国家综合经济实力，综合国力的不断提升是中国不断崛起的基石。科技是经济发展的动力源泉，教育是科技进步的根本。实行科教兴国战略，让人民享有接受良好教育的机会，既是中华民族伟大复兴的战略举措，更能从根本上促进人与社会全面发展，全面提高国家的综合实力。

党的十六届四中全会也指出，要大力实施科教兴国战略，加快国家创新体系建设，充分发挥科学技术是第一生产力的作用。国家创新体系是指由科研机构、大学、企业及政府等为一系列共同的社会和经济目标，通过建设性的相互作用而构成的机构网络，其主要活动是启发、引进、改造与扩散新技术。创新是这个体系变化发展的根本动力，能更加有效地提升创新能力和创新效率，使得科学技术与社会经济融为一体协调发展。于1995年开始实施"211工程"，1996年制定实施了"技术创新工程"，1998年正式启动"知识创新上程"和"面向21世纪教育振兴计划"，形成了比较完整的国家创新体系。国际经验警示我们，技术创新是经济增长的发动机、倍增器，是发展高新技术产业、提升国际竞争力的重要前提，也是一个国家科技创新能力的重要标志。它以最新科学成就为基础，应用知识创新的成果与新技术、新工艺相结合，采用新的生产方式和经营管理模式来提高产品质量、开发新产品，从而推动企业发展，实现经济持续增长。技术创新战略的选择，决定着我国的发展前景与未来命运。为此，必须从国家层次上整合创新资源的角度进行组织与制度的创新，加快国家创新体系的建设，提高自主技术创新能力，实现经济的高速增长和社会进步，提高综合国力，加速和平崛起的进程。

四、自主创新引领中国走向创新型国家

2005年底，国务院发布的《国家中长期科学和技术发展规划纲要（2006～2020年）》对我国未来15年科学和技术的发展做出了全面规划和部署，是新时期指导我国建设创新型国家的纲领性文件。《纲要》指出，到2020年，中国科技进步对经济增长的贡献率要提高到60%左右，研发投入占GDP比重要提高到2.5%。数据表明，中华人民共和国成立以来，中国科技进步对经济增长的贡献率仅为39%，科技投入占GDP的比重最高是1960年的2.32%，2004年为1.23%，与2.5%的目标还有差距。根据瑞士洛桑国际管理学院发布的《国际竞争力年度报告》，2004年，在科技创新能力方面，中国在占世界国内生产总值92%的49个主要国家中仅排名第24位，目前已上升到第18位，而进入创新型国家行列的标志是进入前10名，中国距这一目标还有8位之遥。在未来的15年中，我国必须依靠自主创新，增强科技促进经济社会发展和保障国家安全的能力，增强基础科学和前沿技术研究综合实力，力争取得一批在世界上具有重大影响的科学技术成果，超越常规技术发展阶段，迅速进入创新型国家行列。

2006年1月，全国科学技术大会在北京召开，胡锦涛同志在大会上发表了题为《坚持走中国特色自主创新道路，为建设创新型国家而努力

奋斗》的重要讲话。他强调，21 世纪头 20 年，是中国经济社会发展的重要机遇期，也是中国科技事业发展的重要战略机遇期。必须认清形势，坚定信心，抢抓机遇，奋起直追，围绕建设创新型国家的奋斗目标，进一步深化科技改革，大力推进科技进步和创新，大力提高自主创新能力，推动经济社会发展切实转入科学发展的轨道。

会议明确提出了"坚持自主创新，建设创新型国家"的科技发展战略，强调了自主创新在建设创新型国家中的重要地位：建设创新型国家，核心就是把增强自主创新能力作为发展科学技术的战略基点，走中国特色自主创新道路，推动科学技术的跨越式发展；就是把增强自主创新能力作为调整产业结构、转变增长方式的中心环节，建设资源节约型、环境友好型社会，推动国民经济又好又快地发展；就是把增强自主创新能力作为国家战略，贯彻到现代化建设各个方面，激发全民族创新精神，培养高水平创新人才，形成有利于自主创新的体制机制，大力推进理论创新、制度创新、科技创新，不断巩固和发展中国特色社会主义伟大事业。这为我国未来 15 年科技发展指明了方向，中国将走上一条以自主创新为核心、以建设创新型国家为目标的发展之路。

不同于一些西方国家，中国走的是和平发展的道路，是建立在发展科学技术基础上的战略选择。这是人类社会健康发展的模式，也是艰辛而曲折的道路。中国的和平发展还代表发展中国家的声音增大与整体力量的崛起，对全球发展中国家的经济发展有着重要的示范意义与广泛影响。中国的和平发展将进一步展现中国作为爱好和平的大国的力量，有利于世界的和平与稳定，有利于建立更为公平的世界新秩序，将使世界格局发生新的变化，更趋均衡。

第九章

现代科学技术与人类社会

现代科学技术与人类社会有着密切的联系。现代科学技术不仅是生产力，而且是第一生产力，对生产力和生产关系都有着决定性的影响。现代科学技术是决定世界政治经济格局的必要条件，对当前国际政治斗争的重要内容、国际格局的重大变化、战争在国际政治中的地位和作用、世界经济一体化、国际政治全球化等都产生着重大影响。在经济全球化中，科学技术的进步促进了世界经济一体化、加深了各国间的相互依赖，特别是对世界经济结构、生产的专业化和国际化、国际贸易的变化、世界经济国际化趋势、资本的国际化、国际金融市场的形成产生了重大的影响，并加剧了世界财富的不平衡和世界经济发展的不平衡。现代科学技术还是把"双刃剑"，在给人类带来诸多正面的积极作用的同时，也给人类带来了不少负面的消极影响，即全球问题，如人口爆炸、自然资源短缺、生态环境恶化等，使人类面临着毁灭性的灾难。

第一节　现代科学技术与生产力

从马克思关于"科学是生产力"的洞见，到邓小平关于科学技术是第一生产力"的论断，刻画了理论随时代不断更新的脉络，为人们提供了正确认识现代生产力和现代科学技术的基点。

一、科学技术是第一生产力

科学技术是生产力的观点，是马克思主义科技观的基本原理之一。

马克思是把科学技术纳入生产力范畴的开创者。马克思、恩格斯是在研究资本主义机器工业生产方式时，在考察科学技术与生产力的关系中充分认识了科学技术的力量，明确了科学技术的生产力功能，鲜明地提出了科学技术是生产力的观点。马克思、恩格斯不仅赞誉了科学的力量，还明确指出：“生产力中也包括科学”，不仅揭示了科学技术对生产力发展的伟大变革作用，而且指明了科学在生产力中的首要地位。按照马克思主义的观点，科学在知识形态上是一般社会生产力，是一种潜在的生产力。一旦科学并入生产过程，形成技术，这种知识形态的生产力就会转化为现实的、直接的生产力。

恩格斯在马克思墓前的演讲说：“在马克思看来，科学是一种在历史上起推动作用的、革命的力量。任何一门理论科学中的每一个新发现，即使它的实际应用甚至还无法预见，都使马克思感到衷心喜悦，但是当有了立即会对工业、对一般历史发展产生革命影响的发现的时候，他的喜悦就完全不同了。”恩格斯高度评价马克思的科学观——关于科学的基本思想，认为这是马克思的与唯物史观、剩余价值理论一样重要的贡献。

“科学是生产力”的论断，在马克思主义宝库中具有基本理论的意义，但长期以来没得到应有的重视。在中国社会主义的实践中，第一次真正有意义地把现代科技发展与社会主义的命运连接起来的是邓小平，他在结束“文化大革命”十年动乱后不久即高瞻远瞩地说：“我们国家要赶上世界先进水平，从何着手呢？我想，要从科学和教育着手。”他根据当代科学技术为生产开辟道路，给世界经济和社会各个领域带来巨大变化的事实，深刻地指出：“四个现代化，关键是科学技术现代化。没有现代科学技术，就不可能建设现代农业、现代工业、现代国防。没有科学技术的高速度发展，也就不可能有国民经济的高速度发展。”邓小平在一系列的讲话特别是1978年3月在全国科学大会开幕式上的讲话中，对当时一系列颠倒了的历史功过与理论是非进行了拨乱反正，着重阐述了科学技术是生产力和科技人员是工人阶级的一部分这两个关键问题，为我国新时期制定发展科学技术的方针政策、在社会上确立“尊重知识，尊重人才”的风气，奠定了有力的理论基础。

1988年正当我国的改革开放事业进入一个关键阶段之际，邓小平又及时指出：“马克思讲过科学技术是生产力，这是非常正确的，现在看来这样说可能不够，恐怕是第一生产力。"邓小平还特别讲到解决好少数高级知识分子待遇的问题，把"科学技术是第一生产力"的理论与社会主义现代化的实践紧密结合在一起。此后，邓小平多次重申这一科学论断，强调最终可能是科学解决问题。1992年初，他在南巡讲话中进一步指出科学技术是解决经济建设问题的根本出路。

为什么要在马克思关于"科学是生产力"这个论断中加上"第一"这个修饰词? 首先是因为现代科学技术处于一切生产力形式、过程和因素中的首位，现代科学技术是生产力中相对独立的要素，是生产力诸因素中起决定性作用的主导因素。

科学成为生产力发展的独立因素和主导因素，是资本主义生产方式建立以后的事情。马克思指出："自然因素的应用——在一定程度上自然因素被列入资本的组成部分——是同科学作为生产过程的独立因素的发展相一致的。生产过程成了科学的应用，而科学反过来成为生产过程的因素即所谓职能，每一项发现都成了新的发明或生产方法新的改进的基础。只有资本主义生产方式第一次使自然科学为直接的生产过程服务。"第二次世界大战以来，这一特点更为引人注目。现代科学技术不仅渗透在传统生产力的诸要素中，而且在社会生产力的发展中起着比劳动者自身、生产工具和劳动对象更为重要的作用。现代科学技术除了决定着生产力的发展水平和速度、生产的效率和质量外，还决定着生产中的产业结构、组织结构、产品结构与劳动方式，它不单使生产力在量上增加，而且使生产力在质上发生飞跃，导引着未来的生产方向。所以现代科学技术在生产力系统中已上升到主导的地位，在资本、劳动、科技三个因素对经济增长的作用中，科技已愈来愈显重要，在发达国家几乎占70%。现在，向生产的深度和广度进军，不能只靠劳动力和资本，更要靠科学技术。

当然，切勿误解科学技术是"第一"生产力将排斥劳动者是"首要"生产力。其实两者说的不是同一个问题。前者即科学技术是"第一生产力"，是就生产尤其是劳动者本身中智能因素和体力因素的关系而言，智能因素日趋重要，位居第一;后者即"劳动者是'首要'生产力"，是就生产力中人与物的关系而言，劳动者是生产力的主体，是唯一具有能动性的因素，因而处于首位。归根到底，两个命题其实是一致的，即是说，当代生产力发展主要依靠劳动者科技素质的提高，掌握了科学技术的劳动者是现代生产力的主体。

"科学技术是第一生产力"这个命题的重要意义，首先在于肯定科学技术现代化是社会主义现代化的关键，因此大力发展科学技术，正确看待脑力劳动和科技人才，做好他们的工作，发挥他们的作用，就是全党全国的战略任务。其次，强调要解决科学技术进步与社会经济发展之间的相互关系问题，做到依靠科学技术发展国民经济，使现代科技真正发挥第一生产力的作用。

二、现代科学技术对生产力和生产关系的决定性影响

1. 科学技术尤其是现代科学技术使得劳动者、劳动工具和劳动对象这三个生产力的基本要素发生了巨大变革

劳动者素质的变革。生产劳动是一种有目的、有意识的活动。通过科技教育，提高劳动者的科学技术水平和劳动技能，是发展社会生产力的重要途径。值得注意的是，科技进步将促使劳动力在产业间发生转移，使得"蓝领"减少，"白领"增多。劳动生产率提高的速度越快，劳动力转移的速度也就越快。第二次世界大战以后，经济发达国家和一些新兴国家第三产业的迅猛发展充分证明了这一点。

劳动工具的变革。劳动工具既是生产力发展程度的重要标志，又是科学技术发展水平的显示器。劳动工具的重大变革，常常带来社会生产力的飞跃。蒸汽机和电动机的出现，放大了人的体能，带来了经济的飞速发展；电子计算机的出现，部分取代并增强了人脑的功能，使人们得以摆脱大量繁重的重复的脑力劳动，有更多的时间从事创造性的工作。劳动工具是人制造的，是人类智慧的物化。人们运用科学原理，通过技术发明，物化为现代化的机器设备。劳动对象也随着科学技术的发展而不断变革。科学技术不仅使人类利用新的自然资源，而且开发已有资源的新用途，把一些"废料"重新投入到物质循环中去。现代科技还研制出自然界未曾有过的新物质品种，如新型的人造材料、合成材料和复合材料，形成新的劳动对象。科学技术扩大了人类劳动对象的范围，扩大了人类对自然资源的利用。

由此可见，随着现代科学技术的发展，在生产力的各要素中，科技

型人员将成为主体劳动者；自动控制的、智能化的机器设备将日益成为最重要的劳动工具；再生型和扩展型资源正成为主要劳动对象。据此，现代科学技术与生产力诸要素的关系，可表达为一个公式，即：

生产力＝（劳动者＋劳动工具＋劳动对象）科学技术

有人认为，管理也是生产力，也是生产力的一个要素（同科学、技术、教育、信息等一起属于生产力的非实体性因素——"软件"，而劳动者、劳动工具、劳动对象属于生产力的实体性因素——"硬件"），科技的发展尤其是现代科技的高速发展，为科学管理提供了新的理论和方法，促进了管理水平的不断提高。反之，管理水平的提高又能更有效地促进生产力的发展。由于乘法效应，科学技术附着并渗透到了生产力的各要素之中，放大了生产力各要素的组合作用。从这个意义上来说，科学技术就上升到了关键的"第一"的地位。

2. 科学技术不仅是生产力中最活跃的因素，而且对生产关系的变革产生巨大影响

产业结构发生显著变化。产业结构软化。在社会生产和再生产过程中，体力劳动和物质资源的投入相对减少，脑力劳动和科学的投入相对增大。钢铁、汽车、橡胶、造船等传统工业被称为"夕阳"工业，从20世纪50年代中期起，它们在经济中的地位明显下降。而像激光、光导纤维、生物工程、新能源等新兴的"朝阳"工业蒸蒸日上；以微电子技术为基础的信息产业发展尤快。这导致就业结构出现变化。

促使新的产业和产业部门形成。技术上一旦有了重大突破，就会极大地刺激新的需求，推动新产业的形成和发展。如石油精炼技术和高分子化学合成技术的发明，使得能源工业和化学工业发生了巨大的变化，从而使石油需求量大增，几乎改变了整个世界的需求结构，产业结构也发生了巨变。再则，技术进步使资源消耗强度下降，可替代资源增加，也将改变需求结构，使产业结构发生变化。改造原有产业部门。由于科技的进步，便有可能采用新技术、新工艺和新装备来改造原有产业，提高其水平，改变其生产面貌，促进原有生产部门和产品的更新换代并提高产品质量，甚至创造出全新的产品。最明显的例子是采用电子和信息技术改造传统产业，使机械工业实现机电一体化。

产业结构高级化或现代化。在产业结构中，科技密集型产业所占的比重越来越大，劳动和资源密集型产业所占比重不断下降。知识产业逐渐上升为主导产业。越来越多的企业从诞生之日起便是知识密集型企业。

劳动方式发生质的变化。科技进步促进了"用脑生产"方式的根本革新。员工"干"得少了，"想"得多了。与"用脑生产"相适应的是"知识"替代"劳动"。脑力工作重要性的上升，半导体微型芯片的制造成本大约70%是来自"知识"投入，即研制和实验的成本，而劳动成本在芯片产品中只占12%。制药业是知识性很强的信息企业，药品的成本中，劳动力的成本只占15%，而知识投入要占成本的50%。

社会管理科学化。资本家把科学技术与管理称做工业的两条腿。其实这两条腿本身又是相关的。第一次产业革命期间，对应的管理是经验管理。利用分工原则，来发挥工人所长，提高劳动生产率，降低产品成本，管理是资本家根据经验直接进行管理。随着科技进步和劳动工具的变革，对企业的管理要求越来越高，经验管理已不适应新的形势，泰罗的科学管理理论就是在19世纪末、20世纪初新的科技革命期间诞生的。企业管理向标准化、专业化、同步化、集中化、大型化和集权化相互联系的方面发展，而且出现了一种受资本家雇佣的专门从事管理的人员——经理、厂长等。第二次世界大战之后，管理又有新的变化，运用现代科学成果和技术手段实现了管理组织的现代化、管理方法的现代化和管理手段的现代化。

阶级关系发生重大变化。在产业革命期间，由于机器代替了手工工具，大工厂代替了手工工场，从而改变了生产体系中人与人之间的相互关系，导致社会财富的重新分配，并引起社会阶级结构的大变动，出现了资产阶级和无产阶级两大阶级。新技术革命极大地促进了社会结构的重组。特别引人注目的是出现了一个以知识和能力为"资本"的经理阶层，以及一个构成社会基本力量的中间阶级，它们使阶级斗争的形式发生了巨大的变化。

科技进步既推动了生产力的发展，又推动了生产关系的变革，作为生产力与生产关系统一体的生产方式，必然随着科技的发展而改变自己的形式。马克思说过，生产方式的变革，在工场手工业中以劳动力为起点，在大工业中以劳动资料为起点。或许还可以这样说，在当代产业结构中则以科学技术为起点。

第二节　现代科学技术与世界政治经济格局的演变

一、世界政治经济格局的概念

当科学技术尤其是现代科学技术发展到一定程度时，由于交通的便利和通信的方便，打破了不同国家、不同地区的封闭状态，因而出现了世界格局、世界政治格局、世界经济格局等概念。

世界格局，也可称为国际格局，意指在世界范围内，各种主要的政治集团尤其是国家集团之间的矛盾与斗争、协调与共处的相对稳定的布局和态势。其特点是：牵动地域范围大，影响整个世界；维持时间长，不能轻易改变；矛盾性相对缓和，其间的主要矛盾往往取相对稳定的状态。

世界格局主要包括世界政治格局、世界经济格局。另外还有世界军事格局等，但军事是政治的延伸和继续，因此世界军事格局也可包括在世界政治格局之内。世界政治格局，意指在世界范围内，各种主要的政治集团尤其是国家集团之间在政治方面的矛盾与斗争、协调与共处的相对稳定的布局和态势。世界经济格局，意指在世界范围内，各种主要的政治、经济集团尤其是国家集团之间的在经济方面的矛盾与斗争、协调与共处的相对稳定的布局和态势。世界政治格局与世界经济格局，可以合称为世界政治经济格局，简称世界格局。

二、20世纪的科学技术与世界格局

20世纪的现代科学技术是19世纪近代科学技术发展的继续，科学～技术关系模式已发展为"科学～技术～生产"的模式，科学总体范式的变革已转变为"大科学"。

由技术革命和工业革命而形成的先进科学技术极大地推动了工业发展，使美国在第一次世界大战前夕一跃而成为世界第一经济强国，德国也迅速赶超英国，居世界第二位，但其拥有的殖民地面积却不及英国的1／11和法国的1／3。为了改变这种不平衡状况和追求更大的殖民利益，德奥同盟国集团发动了第一次世界大战，但最终以失败

告终。胜利的协约国集团美、英、法、日等构筑了凡尔赛～华盛顿体系。第一次世界大战使美国的国际地位明显上升，苏联则建立了社会主义国家。

第一次世界大战之后，德国又以先进的科学技术促进经济的发展，很快再度崛起。崛起的德国伙同意大利、日本，又一次发动了第二次世界大战。第二次世界大战中，世界反法西斯力量依靠其强大的经济、科技和军事实力，最终赢得了战争胜利。战争结束时，美、英、苏设计了雅尔塔体系。但此后几十年，冷战的发端和冷战的结束，在很大程度上偏离了雅尔塔体系的框架。

美国以其雄厚的国力和发达的科学技术，在第二次世界大战中发挥了重要作用，不仅赢得了战争胜利，而且还因此奠定了战后以美苏对峙的两极格局。苏联亦凭借其科技、经济实力，在战后与美国展开了激烈的争霸，并使两极格局维持长达40余年之久。由此可以看出，科学技术的进步是国际战略格局得以形成与发展的重要物质基础。科技对于国际战略格局形成的影响，主要是通过促进社会生产力的发展，增强政治、经济、军事实力，改变国际关系行为主体的实力地位，从而导致世界政治体系调整来实现的。

三、第三次科技革命与现代国际关系

从18世纪中叶以来，世界经历了三次科技革命，每一次科技革命都十分深刻地改变了人类的发展史，都对当时及其后的世界格局（国际关系）产生了深刻影响。

18世纪60年代至19世纪中叶的第一次科技革命形成了英国主宰世界的国际战略格局和以欧洲为中心的世界经济体系，现代意义上的国际政治体系也由此而产生。

19世纪下半叶至20世纪初的第二次科技革命，形成了以少数欧洲国家为中心的、在政治上、经济上对世界上绝大多数居民实行殖民压迫和剥削的完整的全球体系，并导致了强权政治、霸权主义以及帝国主义国家之间的战争、殖民地革命和无产阶级革命等一系列国际政治现象的出现。第二次科技革命最终导致了具有政治、经济、军事、文化、意识形态等方面极其丰富内容的国际关系的形成。现代国际关系具有全球化、

整体性、多样性和复杂性。

20世纪中期开始，特别是70年代后期以后大发展的第三次科技革命，又称新技术革命。这是人类历史上规模最大和最深刻的一次科技革命，它对国际关系已经并将继续产生极其深远的影响。它不仅影响着各国的综合国力、地区性集团的国际竞争能力，而且直接影响并推动着国际战略格局的形成和发展。

近现代国际关系是伴随着近现代科技革命而开始的。古代的国际关系仅可视为国家间关系。而近代国际关系，从行为主体来看，国家主权是国家最重要的属性，并在中世纪之后，逐渐形成了民族国家的概念；从内容看，不仅仅表现为政治与军事关系，而是凸显为经济贸易关系，并成为国家间关系的基础，同时也成为国际社会形成的基础；从宏观角度看，即从国际体系看，当代国家之间出现了相互依存和相互加深的趋势。不仅国与国之间相互依存，国家与国际社会之间的依存度也大大提高。

随着科学技术的进步和经济一体化的发展，当代国际社会中的国际行为主体不仅表现为民族国家一种类型，而且不断涌现出各种非国家行为主体，如政府间国际组织和非政府间国际组织以及跨国公司等。因此，当代国际社会的全部内容就不仅仅是"国家间关系"，而是当代国际关系。当代国际关系就是国际社会中国际行为主体之间各种关系的总和。

今天，世界政治经济的格局又在进行重新组合。今天的国际体系一般是指超越国界的，由既松散又复杂的多变的关系和过程所形成的统一体。它的每个部分、每种因素都以一定的方式联系在一起，并互相作用、互相渗透，形成统一的依某种规律运动着的社会大系统。由于科技的发展，交通和通信的便利，今天的国际社会已成为"地球村"，眼下的国际体系也就成为"全球体系"。

历次科技革命不仅推动了社会生产力的发展，改变了人类的经济生活和经济关系，而且也给人类的政治生活和政治关系带来了一系列新的内容，成为国际政治经济发展的不可忽视的重要因素。因此，马克思主义经典作家将科技革命看成是第一生产力，看成是历史的有力的杠杆，看成是最高意义上的革命力量。

四、现代科学技术对世界政治经济格局的影响

现代科学技术对世界政治经济格局及其演变产生重大影响主要有几个方面。

1. 科技战已成为当前国际政治斗争的重要内容

科学技术是一个国家综合国力的关键因素，国家的强弱兴衰，在很大程度上取决于科学技术水平。在当今方兴未艾的科技革命浪潮中，各国政府纷纷调整战略，加快科技领域的创新和进步。美国是当今世界第一科技和经济大国，为保证其在未来世界格局中的"一超"地位，美国政府制定了巩固和扩大目前科技优势的科技发展战略，提出要在21世纪全面占领科技前沿。日本政府提出"科技创新立国"的口号，并通过了《科技基本法》和《科技基本规划》，追求在世界高科技领域的优势，欧盟于1985年提出了发展高科技的"尤里卡计划"，又于1997年发表了《2000年议程》，明确提出将建设知识化欧洲放在最优先地位。中国、印度、巴西等发展中国家也都投入了一定的力量，争取在科技领域的某些方面取得突破性进展。各国在全球范围内展开了一场空前的科技战。

科技实力地位的变化促成国际战略格局的调整。新旧格局的交替，从本质上说是国际战略力量的大变动、大调整。旧格局的解体意味着一些国家或国家集团的衰落，新格局的产生则标志着另一些国家或国家集团的兴起，决定这种变化的根本因素是综合国力水平的高低，而科技实力地位的强弱又是其中的关键。

在国际关系和国际斗争中，综合国力的竞争表现在经济、科技、军事等领域，其中经济、科技发挥着重要作用，并对军事领域的竞争产生重大影响。科技发展直接影响着国家的战略地位。科技大国或迟或早会成为政治、军事大国，而政治、军事大国的地位必须得到先进的科学技术力量的支持。

科学技术对国家和政治集团的地位及作用产生巨大影响，在未来国际战略格局中，居于战略主导地位的国家，必定是科技、经济实力最强的国家。目前，美、欧、日、俄以及中国等，在科技发展格局和经济发展格局中占据的位置越来越重要，由此也必将巩固和增强他们

在未来世界多极化格局中的地位。这种状态无疑将直接影响到有关国家的科技实力和发展潜力。拥有科技优势的国家，在经济发展上将会获取更大的活力，在未来的国际关系和国际斗争中也将会争取到更多的主动权。

科技合作体系与国际战略格局有着密切的联系，在国际关系和国际斗争中，经济实力和科技水平是国际战略格局得以形成和发展的基础。同时，随着科学技术的日益综合和不断更新，各国科学技术发展的相互依赖性日益增大，所以加强国际间的科学技术合作成为科技发展的重要趋势，由此也形成了相应的科技合作体系并对有关国家间的关系和国际战略格局产生了直接影响。如美国于20世纪80年代实施的星球大战计划，英、法、德、意、丹麦、荷兰及日本都不同程度地参加了研制和合作，从而形成一种国际科技合作体系。1985年欧洲各国提出发展高科技的"尤里卡计划"，1987年组成"欧洲共同体科研中心"，从而以联合力量推动了西欧科技实力及经济实力的增长。

国际政治、经济乃至军事多极化的发展趋势，从根本上说与科学技术合作体系的多极化发展有着直接的关系。冷战时期，科技合作体系的建立和合作，是在东西方冷战的大背景下进行的。两大政治、军事集团内部，都建立了相应的经济、科技合作体系，并对维护集团的共同利益关系产生了重要影响。冷战后，随着两极格局的瓦解，在欧洲、北美、亚太形成了新的经济、科技合作体系。这种经济、科技多极化的发展趋势，对加速形成国际战略多极化格局，无疑将会产生越来越大的影响。

2. 新技术革命导致国际格局的重大变化

在国际关系中，世界经济、科技是国际格局得以构成和发展的坚实基础。一定的国际格局总是建立在一定的世界经济技术体系基础之上。科技对国际格局的影响，主要是通过改变国际关系行为主体的实力，从而调整世界政治体系来实现的。国际关系的变化，归根结底是力量对比的变化，而科技是这一变化的基础。科技革命引起某些国家经济实力和军事实力的革命性增长，从而导致国际格局和国际关系的根本性变化，这是科技革命对国际关系的最重要影响。

苏联国力的兴衰对两极体系的维持和解体起了决定性作用。苏联大起于20世纪50～70年代初，大落于70年代中期以后，其大起大落与科技革命紧密关联。第二次世界大战后，苏联一直实行高度集中的计划体制，奉行"国防优先"的战略和军事技术领先的发展模式。这种体制、战略和模式与当时的科技革命的特征相符合，因而推动了苏联的科技进步和经济发展，把苏联推上了超级军事强国的宝座，具备了与美国抗衡的超级大国实力。然而70年代中期以后，这种体制、战略、模式与新技术革命的特征相背离，使它原先的优势变为劣势。由于经济结构的封闭性，苏联对这场悄然而至的新科技革命麻木不仁，致使其技术尤其是高新科技停滞不前，至90年代，除在航天技术等少数领域尚有优势外，从总体而言，与西方发达国家相比，苏联落后了一个科技时代——信息时代。

美国在冷战时期采取的是"军民并举"的发展战略，并相应地形成了一种有弹性、适应性较强的军民结合型技术发展模式，在新技术革命的浪潮中大力发展高新技术。冷战结束后，美国从国际军事科技中抽出身来，大力发展国内民用技术，在高科技领域再次明显处于领先地位。为了发展高科技，美国先后实施了"曼哈顿计划""阿波罗计划"和"星球大战计划"，科技的发展促进了经济的增长，使美国一直保持着世界第一经济强国的地位。强大的科技实力和经济实力支撑着美国头号强国地位，在与苏联的较量中，由两家旗鼓相当到占绝对优势，并最终拖垮了日趋衰落的苏联，推动了两极格局的瓦解。冷战结束后，美国凭借其科技、经济的领先地位，依然继续保持着唯一的超级大国地位。可见，科技实力和经济实力是推动两极格局瓦解的主要力量。

20世纪80年代以来，世界多元化的趋势日益明显，这与新技术革命有紧密关系。新技术引起了世界性的国家实力相对均衡化，改变了作为两极化世界基础的国家实力的高度非均衡化，从而推动了世界的多极化趋势。日本在这场新技术革命过程中，提出了"科技立国"的战略，重视发展科技，巧妙地吸收欧美的基础，又大力发展高技术产业，高技术领域处于世界领先地位，相应地经济上也一跃成为世界经济大国，同时又在谋求政治大国甚至军事大国的地位。德、法等西欧国家联合起来实施"尤里卡计划"，重新走上了科技振兴之路，经济迅速跃升，防务力量也大为增强。随着欧盟的建立和欧洲一体化进程的加速发展，欧洲已经成为世界的一支重要力量。一些新兴工业国也都通过大力发展新技术来促进经济的迅速增长，以提高竞争力，增强自己在国际格局中的地位。新技术革命的发展已经引起并将继续引起世界性的国家实力的相对均衡化，最终必将促进形成一个多极化的新世界。

3. 科技因素使得战争在国际政治中的地位与作用更加复杂化

国际战争是国际政治关系的高级形式，因为战争通过直接较量而迅速实现其国家利益，战争也因此成为实现政治目的的有效手段。而战争的规模和结局与武器的性质和水平有着直接关系，武器的性质和水平又直接取决于当时科技的发展水平。

人类历史上已经发生和正在发生的武器革命共有三次。第一次是由长矛大刀等冷兵器向火药枪炮等热兵器的变革；第二次是由常规武器向核武器的发展；目前进行的第三次变革是由地面武器向太空武器发展。这三次武器革命都是在一定的科学技术水平之上发展起来的。如核能的控制与利用技术、空间航天技术、电子信息处理技术是推动当前武器变革的决定性因素。

武器的性质与水平决定了战争的规模与结局形式。冷热兵器时代战争的范围有限，结局的胜负也很清楚。现代核武器、洲际导弹和太空武器的出现和发展使未来战争的范围空前扩大，成为真正全球性战争。目前世界核武器总量其破坏性足以毁灭整个地球，因此，核大战已经没有胜者败者之分，作为一种实际战争手段，已经没有任何现实意义。

科技发展对于国际战略格局调整的牵动和影响，往往在军事上体现得更为突出。战争是政治的继续，同时也是经济、科技的较量。历史上国际战略格局所发生的重大变动和调整，几乎都是经过战争实现的。先进的科学技术往往被优先应用于军事，并通过战争来显示和运用科学技术的力量，用暴力手段打破旧格局，重建新格局。在每一次大的战争行动中，胜利者往往一跃而起，并按照自己的意志建立起新的国际政治体制；战败者则一落千丈，沦为附庸，旧的国际政治体制随之消失。历史上诸如英国取得海上霸权，确定了世界统治地位；法国取代英国在欧洲政治舞台上称雄一时；德国为了从英法手中夺取世界霸权地位，先后两次发动世界大战；冷战以后美国和苏联所进行的长达 40 余年的争霸斗争，无一不是通过战争方式或冷战来谋求自身的有利地位，而这一切又都是以强大的科技、经济实力作为坚强后盾。

新技术革命使世界性军备竞赛的模式发生了变化，以质量为主的军备竞赛取代了以数量为主的军备竞赛，尤其是在 20 世纪 80 年代美国提出星球大战计划后，这种变化更为明显。主要表现在：武器系统发展加快，各国竞相研制生产、部署新式武器，新式武器层出不穷；不仅核武器系统，而且常规武器系统、通信指挥系统、后勤保障系统全面高技术化；出现了军备竞赛新领域——宇宙间军事化。

新技术革命导致了战争与和平问题的新局面。长期以来，世界格局的更替，都是通过战争来实现的。拿破仑战争之后建立的维也纳体系，形成英、俄、普、奥、法的欧洲多极格局，一战之后的凡尔赛—华盛顿体系以及第二次世界大战之后的雅尔塔体系都是如此。但是，这次美苏两极格局的瓦解，新的多极体系的逐步形成却是例外，没有经过一场大规模的战争，这是和新技术革命密切相关的。核武器的出现和发展，使全人类面临核大战的严重威胁，但核大战并没有爆发。20 世纪 80 年代中期以来，人们普遍认为，爆发世界大战的可能性大大减小，全世界人民可以享受长时期的和平局面，和平与发展已成为当今时代的两大主题。因为核武器和其他各种高技术武器将使战争双方遭受无法承受的灾难甚至将毁灭整个人类，因此谁也不敢动手，形成了"恐怖平衡"的局面，"战争是政治的继续"这一概念发生了变化。现代高技术尖端武器的巨大威力成了一剂医治大战狂症的镇静剂，新科学技术造就的战争工具成为遏制世界大战的重要因素。

4. 科技革命的发展进一步加速了国际政治的全球化

一方面，科学技术的发展和应用，使世界经济国际化的趋势深入各国和各个领域，各国之间的政治经济联系也随之日益密切。科技发展带来了交通工具和通信手段的变革，这种快速交通和高效通信的发展，使得世界各国的地理距离日益缩小。这种时空关系的相对变化，又使得在任何遥远的角落里发生的任何事件都能迅速地影响到整个世界。地球变成了与所有居民都息息相关的地球村，过去那种被自然疆界限制的地区文明变成了世界文明，地区性国际社会被纳入了全球化国际社会，世界因此而变得更加透明和更加连为一体，各国之间的相互依存也进一步加深了，这是导致国际政治全球化的基础。

另一方面，科学技术的应用不仅推动了社会生产力的巨大发展和世界经济的繁荣，同时也开拓了人类社会活动的新领域和新空间，如海洋资源和宇宙资源的开发、核能的利用等。由此也产生了一系列经济及社会问题，如核武器的威胁、全球环境污染、生态平衡的破坏以及资源枯竭、人口爆炸等。所有这些问题在相互依存的世界里，已经直接威胁到全人类的生存利益，而且只有依靠各国的共同努力才能最终解决。在一系列全球性的共同问题被列入国际政治议事日程的同时，人们的价值观念也因此发生了变化，并进而产生了世界范围内普遍的政治运动和政治倾向，如世界和平运动、环境保护运动等绿色政治倾向。国际政治本身也呈现出多样化和全球化的发展趋势。

第三节　现代科学技术与全球化

一、全球化的概念

全球化的历史渊源也许可以追溯到自哥伦布发现美洲大陆所标志的欧洲文明向世界扩张之际，但其概念的提出是在 20 世纪冷战的晚期。1985 年美国学者 T·莱维最早提出全球化一词，用这个词形容此前 20 年间国际经济的巨大变化，即商品、服务、资本和技术在世界性生产、消费和投资领域中的扩散。因此，尽管学术界可以从多角度、多视野来审视、界定"全球化"，比如从经济学角度、从政治学角度、从社会学角度等，但是，当人们讲到"全球化"时，就其原意来说也是指经济的全球化。

经济全球化是指世界各国、各地区通过密切的经济交往和经济协调，在经济上相互联系和依存、相互渗透和扩张、相互竞争和制约，从资源配置、生产到流通和消费的多层次和多形式的交织和融合，使全球经济形成一个不可分割的有机整体。这种经济发展态势、过程、趋势，称为经济全球化。经济全球化的低级形式是国际化或区域化——表明经济打破国界，从封闭经济走向开放经济的事实以及地区一体化，其高级形式则是全球一体化。无论是国际化、区域化、地区一体化还是全球一体化，都属于经济全球化。经济全球化是当今世界经济发展的客观过程，是在现代高科技条件下经济社会化和国际化的历史新阶段。

经济的跨国发展和国际化可以追溯到一个世纪或更久以前，经济全球化则始于第二次世界大战以后，发达国家之间贸易往来和相互投资获得巨大发展，各种国际经济机制开始形成，跨国公司成为世界经济增长的发动机，大批发展中国家进入国际经济体系，各国经济相互渗透、相互依存、趋于一体。到 20 世纪 80 年代，经济全球化的雏形已经显露。90 年代以来，国际经济政治出现历史性变革，经济全球化出现加速发展之势。生产要素的跨国配置，加强了相互依存的全球分工体系，信息技术促进全球资本流动和技术转移，使经济周期规律出现新的变化。今天，经济全球化已经成为强劲的时代潮流。

经济全球化一方面由地区一体化发展而来，是地区一体化在全球范围的继续，同时也是以全球信息化为主导的第四次产业革命在全球社会扩张的产物。地区一体化，首先表现为经济一体化，其开路先锋乃是贸易一体化，进而是投资、金融一体化。贸易自由化、金融全球化和生产一体化是世界经济一体化总趋势的三个组成部分。其中贸易自由化是发展先导；金融全球化是关键环节；生产一体化是深刻表现。贸易从产品交换阶段、金融从要素配置阶段，而跨国经营则从生产阶段体现国际经济的联系。三者构成整个生产过程，体现了世界经济一体化在现阶段发展的全面性。

经济全球化是各国经济对外开放和国际化的结果，同时也是各国经济体制市场化的结果。经济全球化不仅使大部分国家融入世界经济的整体运行中，而且也深刻影响着各国经济的增长与发展。经济全球化使全球商品与服务的国际流通高度自由化，使生产要素的国际配置更加合理，为整个世界的增长与发展提供了更多的有利条件。

当前经济全球化主要表现在以下几个方面：

——贸易自由化的范围迅速扩大。1994 年关贸总协定乌拉圭回合协议实现了贸易自由化，1996 年基本实现了保护投资自由化的措施，促进了资金、技术、人员在全球范围内更加自由、更大规模的流动。1997 年在世界贸易组织的主持下，有关国家和地区相继达成了基础电信协议、信息技术协议、金融服务贸易协议。将对信息市场和信息经济的发展起到促进作用，并要求各国和各地区开放银行、保险、证券和金融信息市场，同等对待本国和外国公司等。仅 1997 年就实现商品及服务贸易额合计高达 6.7 万亿美元，此后逐年增长，预计 2010 年将增加到 16.6 万亿美元。这样，从货物到投资的各项服务的世界贸易自由化在有效地展开，全球统一大市场正在逐步形成。

——金融国际化的进程明显加快。时间、地域、国界对资本流动已不构成最大的障碍，目前每年通过国际金融市场实现的融资安排在 1 万亿美元以上。

生产网络化的体系逐步形成。作为经济全球化载体的跨国公司至 2001 年已有 6.3 万家，其设在境外的分支机构多达 80 万家。这些跨国公司"以世界为工厂，以各国为车间"进行生产。

——投资外向化的现象日趋凸显。1970 年国际直接投资数额为 400 亿美元，1997 年达到 4000 亿美元，发达国家的对外直接投资是国际直接投资的主体，发展中国家对外直接投资额也在稳步增长。

——区域集团化的趋势正加速发展。20 世纪末已有 146 个国家和地区参加各种形式的 35 个区域性经济集团。这些区域经济集团不仅内部的商品和资本流动加快，共同大市场竞争形成，而且外部的开放程度也在提高，经济区域化与经济全球化"并行不悖"。展望 21 世纪的经济全球化，可以预见贸易自由化将进一步走向法制化，生产一体化进一步走向深层次，而金融全球化正在寻求更加强有力的制度保障。

驱使经济全球化的最根本动因在于对利润最大化的追求。但总体而言，全球化既是一个事实又是一个过程。科技与经济的发展，尤其是新技术革命的突飞猛进，是全球化发展的直接与正面的动因；同时，科技革新、经济发展对人类生存环境、自然资源等造成的挑战，全球社会共同面临的诸如金融危机、环境危机、人口爆炸等社会问题，武器扩散、地区冲突等国际政治问题……种种负面因素所形成的巨大挑战，则是促使国际协调与全球化发展的强大间接动因。

二、现代科学技术对经济全球化的影响

新技术革命对世界经济的发展产生了广泛而深远的影响，已成为当前世界经济最重要和最活跃的因素。

　　新技术革命对世界经济结构产生了重大影响。首先，新技术革命引起了世界性产业结构的调整。各国（特别是发达国家）越来越集中于发展知识技术密集型产业，而把劳动密集型产业和那些污染环境的机械、化工企业转移到发展中国家。在发达国家，农业、工业的比重下降，第三产业地位上升。信息产业等高技术产业发展特别迅速，已占发达国家国内生产总值近一半，新兴工业化国家也不断促进产业结构升级换代。转移劳动密集企业，发展资本密集型和技术密集型企业，以加强竞争能力。广大发展中国家为适应改革开放和自身经济发展，也在不断调整本国的产业结构，这种产业结构的调整是全球性的。其次，新技术革命形成了新的国际分工格局。科学技术进步从三个方面直接影响国际分工的变化：传统的世界工厂和世界农村的分工格局逐渐削弱。发展中国家制造业有了发展，在世界农产品出口总额中比重下降，一些新兴工业国家开始向发达国家出1：3制成品，而发达国家反倒成为世界农产品的主要出口国。出现了新兴部门与传统部门的分工，扩大并强化了按产品专业化、零部件专业化、工艺技术专业化来划分的国际分工。如同一种类不同品种或规格的产品在发达国家的某些部门形成专业化生产，某一产品的不同零部件和工艺在不同国家的部门间加工。劳动力素质的差别成为国际分工的重要因素。如发达国家将一些劳动密集型工业转移到发展中国家，形成了制造业的资本密集型和劳动密集型、高精尖工业和一般工业的特殊分工，出现了制造业内部的世界工厂和世界农村的格局。即新兴技术的应用，使生产力要素不断重新组合，改变了以往的国际分工模式。

　　新技术革命极大地促进了生产的专业化和国际化并使国际分工向纵深发展。由于各国的不同特点和技术发展的不平衡，比较利益驱使企业从全球的角度来考虑最优的生产配置，以降低成本，增强竞争力。大型企业的所有产品如果都靠自己生产，这在经济上是不合算的，也不符合生产社会化趋势。当代技术进步使社会分工从部门间转向部门内、车间内，使零部件、配件、半成品、中间产品的生产越来越专业化。现代大型跨国公司在深度和广度的拓展，进一步促进了这种经济国际化的趋势。

　　新技术革命引起国际贸易的变化。高技术产品在国际贸易中占有越来越重要的地位。高技术产品已成为发达国家和新兴工业化国家的主要出口产品之一。据统计,1965年美、英、法、联邦德国、意、加、奥、比、丹、卢、荷、挪、瑞士、日14个国家出口的全部知识密集型产品的价值为164亿美元,1982年增长到2015亿美元,其后逐年增长。同时,以高技术转让为主要内容的技术贸易迅速发展,其增长速度大大超过商品贸易的增长速度,使技术贸易成为国际贸易的一种重要形式,特别是发达国家之间的技术贸易发展更快,技术贸易金额已接近于商品贸易金额。技术革命影响国际贸易的另一个突出特点是初级产品在国际贸易中的地位不断下降,价格疲软,有的甚至降到第二次世界大战结束后的最低水平。在初级产品中,原料的比重下降最大,其次是食品,而工业制成品中发展最快的是以微电子技术为中心的机电产品和化学产品,机电产品占世界出口总值的30%以上,化学产品占13%。高技术产品市场竞争十分激烈,如美、日的半导体市场之争,美欧间航天产品市场的争夺,其影响已超出经济领域,影响到国家间的政治关系。而且新技术革命使市场竞争手段发生巨大变化,如通过计算机网络进行期货贸易等。

新技术革命促进了世界经济国际化趋势。新技术革命促进高科技产业的形成,如巨型飞机、新型汽车、航天器、大规模集成电路等产业的发展,投资高、规模大、综合化、技术变革速度快、市场竞争激烈,单靠一个国家难以完成,需要许多国家资源、资金和技术的合作和配合,因而出现了生产的国际化,而现代科学技术的发展,为经济国际化提供了各种条件。现代化的交通工具迅速将生产所需要的零部件从一国运送到另一国,将制成品运往世界各地销售;通信卫星、计算机网络使信息传送非常迅速,有利于统一协调和合作;诸如这些形成了产品零件、配件、技术开发的国际化。如美国波音747飞机,是由6个国家的1.1万家大企业和1.5万家中小企业协作生产的。福特汽车公司,在比利时生产传动装置、英国生产发动机和液压装置、美国生产变速齿轮系统,然后装配成拖拉机销往世界各地。为了在新的国际竞争中争夺优势,20世纪80年代以来,跨国公司出现了向多元化、立体化、综合化联盟演化的新趋向,进一步推动了世界经济国际化。因为跨国公司联盟的合作关系是在更深层次上的合作,即以提高国际竞争力、占领市场为目标的从研究、开发到生产、销售、服务的一揽子根本性合作。这种合作关系已使双方成为唇齿相依的两部分,它们共享技术、共同分割市场。如为了使电信技术与计算机技术数字转换系统的形式进行融合，IBM 公司与意大利都灵电话服务公司以及日本电报电话公司签订了关于发展计算机—通信服务事业的协议；日本三菱公司为了在欧洲统一市场形成后，继续保持在欧洲的市场份额，不得不与实力雄厚的德国戴姆勒奔驰公司组建联盟；90 年代初，IBM 公司与西门子公司为对付日本在集成电路领域咄咄逼人的攻势，双方开始合作开发新一代动态存储芯片——64 兆位芯片，以期共同增强国际竞争力。据联合国跨国公司中心对 151 家大型跨国公司联盟的调查显示，在高技术领域中达成的国际协议占总数的90%以上，其中电子信息占了 72%。跨国公司联盟推动世界经济的国际化趋势正向深度和广度拓展。

经济国际化还表现为资本的国际化，即国际资本输出剧增，而且输出的重点转向发达国家及高技术产业。20 世纪 80 年代后期，在西欧、北美和日本三地区掀起了一股跨国家、跨地区的投资狂潮，投资的重点集中于发达国家，占总数的 3／4 以上。这是因为，新技术特别是最新技术，通过对外直接投资，在国外建厂，可以最大限度地发挥它的争夺市场的效用，并能确保对技术本身的控制。新科技革命大大提高了技术、知识密集型产业（主要集中于发达国家）在经济中的地位，而降低了资源、劳动密集型产业（主要集中在发展中国家）在经济中的地位。

20 世纪 90 年代，一场被称为人类历史上第五次产业革命的信息技术革命，进一步推进了世界经济的全球化和国际化。自美国宣布从 1994 年起实施"信息高速公路"的庞大计划以来，法、英、日、德等国纷纷摩拳擦掌，一些有条件的发展中国家也跃跃欲试。美国的计划是用光纤光缆把全国乃至全世界的电脑、电视、录像和电话等功能连接起来，建成一个四通八达、传递迅速的信息网络；迅速收集、存储、处理、分析全国和全世界的信息，为整个社会服务，就像 50 年代建立高速公路一样，信息高速公路网络将使世界经济从工业化阶段进入信息化阶段，从而使生产、投资、成本、销售、市场等发生很大变化。经济机构和企业将会迅速、及时获得全国和全世界的大量信息，紧密跟上市场的变化和需求的变动，并且根据信息来指挥组织生产，大大提高劳动生产率，以适应市场竞争的需要。在信息技术革命的新时代，世界各国之间的经济联系和合作将增加。为争取更多的市场份额，跨国公司在全球范围内继续扩展，国际资金流通加快，全球对外直接投资迅速增长，生产设备和技术将从一些发达地区向能够取得更多利润的发展中地区转移。在信息技术革命新时代，世界将变得越来越小，世界经济的全球化和国际化将进一步加深。

新技术革命为全球性国际金融市场的形成提供了最重要的技术手段——通信卫星和计算机网络。依靠这些技术手段，现已形成了包括纽约、东京、伦敦、香港、巴黎的真正的全球性国际金融市场，大大促进了国际资本流动的速度和规模，每年达数万亿美元，对国际经济产生巨大影响。

伴随着生产的专业化和国际化，科技革命也推动了全球贸易和金融的发展。通信卫星、光电通信、电子计算机网络、数据库等高技术的开发和运用，进一步把世界主要国家的经济、金融、贸易和生产联结成一个完整的网络。现在，任何国家的经济都不可能同世界经济相隔绝，更不能不受其影响。一国要发展，必须对外开放，必须要参与国际分工和循环。应该看到，当前的世界经济一体化更多的是以区域经济集团化的方式表现出来的，各个经济集团在其内部生产要素自由流动，资本相互渗透，加深了集团内的国际分工与相互依存。从历史的眼光看，区域集团化体现了不同层次的全球一体化，是全球一体化的一个阶梯，最终会走向全球一体化的经济。由于在新技术革命发展的过程中存在着国际技术流动的不平衡，从而加剧了世界财富增长的不平衡和世界经济发展的不平衡。国际技术流动不平衡发展包括：国际技术流动总体上的不平衡；工业发达资本主义国家间技术流动的不平衡；发展中国家和地区技术流动的不平衡。技术流动的不平衡加剧了发展中国家的相对落后，因为科学永远是财富之源，富国与穷国的差距就在于掌握知识的多少，没有科技的发展，就没有持续稳定的经济增长。

科技进步大大推动了世界经济生活的国际化，加深了各国之间的依赖，而相互依赖的加深意味着各个国家的行动与政策的实现，越来越多地要受到其他国家的牵制，这在以民族国家为基础建立的世界体系中不可避免地存在一些问题。

首先，就发达国家而言，20世纪80年代以来国际经济竞争明显加剧，各国间贸易战、经济摩擦愈演愈烈，美日摩擦、日欧摩擦、欧美摩擦、美加贸易争端等花样翻新、层出不穷。其原因就在于新技术革命加剧了资本主义发展的不平衡，改变了发达国家间的实力对比。

其次，就发展中国家而言，科学技术的发展和世界经济一体化使发展中国家优势丧失，依附性增强，南北关系变得更加复杂、尖锐。随着高科技的进步，世界经济向知识密集型和智力密集型转化，经济产品中的劳动力成分所占比例越来越小，再加上科学技术的发展使得每个劳动力创造的价值大幅度上升，因此发达国家对发展中国家所具有的优势——廉价劳动力的依赖性降低。而且，在高新技术的劳动和改造下，传统的能源消耗型和资源消耗型生产逐渐转变为低能耗的生产；新材料技术和新工艺的不断发展，也使得现代工业品对原材料的依赖性相对减少。原材料和能源的相对减少使初级产品和能源价格下跌，如初级产品价格大多保持在70年代中期的水平。发展中国家优势的丧失不仅使其在国际经贸中处于劣势，而且也减少了与发达国家在国际事务上的讨价还价的筹码。

第四节　现代科学技术与全球问题

现代科学技术作为第一生产力，在影响并决定世界政治经济格局，促成并加快经济全球化，突出人类主体地位，体现人类极大能动性的同时，却也把人类所可能面临的毁灭性灾难——即全球问题，现实地摆在人类面前。

全球问题可以分为两大类：一类是涉及人类社会与自然界的不协调问题，主要是指人类的生态环境问题；另一类是人类社会自身矛盾的不协调问题，主要是和平与发展问题，具体说是核战争、东西对抗和发展不平衡问题。后一类不协调问题的产生及其解决途径，最终都可到人与自然的关系中去寻找。换句话说，人类命运将在两对矛盾——人与自然的矛盾和人与人的矛盾的双重变奏中展开新的乐章。人类的命运掌握在自己手里，但必须以协调人与自然的关系为前提处理一切问题，才能做到这一点。

一、全球问题的概念和现状

1. 全球问题的概念

"全球问题"这个概念是由欧美未来学的一个研究机构罗马俱乐部

最先于 20 世纪 60 年代提出的。罗马俱乐部把全球问题的研究又称做“人类困境研究”，这也就是全球问题研究的本义，即专指那些可能导致现在和未来“人类困境”的若干重大问题的研究。

关于全球问题的具体内容，罗马俱乐部的发起人和首任主席、匈牙利籍意大利实业家、经济学家和社会活动家奥尔利欧·佩奇曾概括为“衰退的十点表现”，即：军备竞赛和战争威胁；人口爆炸；全球近四分之一人口生活在赤贫和绝望之中；生物圈的破坏；世界性经济危机；被忽视的深刻的社会弊病；发展科技无计划；制度僵硬老化；东西方对峙；思想和政治领导层的失职。

1972 年美国的 D·米都斯等人提交罗马俱乐部的第一份研究报告《增长的极限》，把作为“人类困境”之基本要素的全球性问题归结为世界人口、粮食供应、工业增长、环境污染、不可再生资源的消耗五大参数。

一般认为全球问题的特征至少应该包括以下几个方面：问题存在的规模是全球性的，至少是区域性的、超出国界范围的；问题不同程度地触及全人类、世界所有国家的当前或未来的利益；全球问题系统的综合性、复杂性和动态性，以及与此相连的问题解决的困难性；问题的严峻性和紧迫性，若不能有效解决，将危及人类文明的存在和发展；问题解决需要国际的或世界范围的集体努力和协同一致的行动。

2. 全球问题的现状

对于全球问题的控制和解决，许多国家的政府和人民，都或先或后地采取措施，做出了不同程度的努力。但是总的情况仍没有根本性的好转，很多问题就目前来看仍十分严重。人口爆炸、资源短缺、环境恶化是当今世界最大的三种全球问题。

人口爆炸。人口发展是连续的历史过程。影响人口发展的基本因素是人口出生率和死亡率，以及由这两者变化所决定的人口自然增长率。在人类大部分历史中，世界人口增长是相当缓慢的，每十年增长远低于1％。在工业化以前，每隔一段时间因食物供应增多、疾病减少，人口出现增长；当大幅度出现饥饿、疾病流行，则导致死亡激增，人口数量降低。二战后，由于医药科学的发展，人口死亡率下降很快，而生育率却没有下降，所以人口增长率空前提高。现在是，全世界每秒钟增加 3个人，每天增加 25 万人。人口爆炸将产生一系列深远影响：粮食供给不足；就业问题严重；人民生活贫困化；妨碍人力资本形成；产生持久的环境压力。

资源短缺。这里的资源特指自然资源。自然资源是自然界中能为人类所利用的物质和能量的总称。它是人类生活和生产资料的来源，是人类社会和经济发展的物质基础，也是构成人类生存环境的基本要素。按其物质属性，自然资源可分为可更新资源和不可更新资源。前者具有可更新、可循环、可再生的特点，如生物资源、水资源；后者为不可再生、不可循环、不可更新资源，如煤等矿产资源。自然资源的过度消耗源于人口增长、技术进步、工业发展及社会生活城市化进程的加速等。耕地是最重要的农业资源，但目前全球每分钟就有10公顷土地沙化，每年约有600万公顷土地沦为沙漠。沙漠化土地已占全球陆地面积的35％，有2/3的国家面临沙漠化的威胁。淡水资源的消耗也十分惊人，20世纪以来，农业用水增加了7倍，工业用水增加了20倍，由于天气干旱、水体污染等原因，全世界大约有20亿人口居住在缺水地区，占全球陆地面积的60％，还有10亿人正在饮用被污染过的水。世界森林资源也处在危机中。煤、石油等矿物性燃料和非燃料矿物资源的消耗量剧增也引起有识之士关于"能源耗竭"的惊呼。因为地球是有限的，决定了这些不可再生资源储量终归是有限的。

环境恶化。环境是指与人类密切相关的、影响人类生活和生产活动的各种自然力量或作用的总和。它不仅包括各种自然要素的组合，还包括人类与自然要素间相互形成的各种生态关系的组合。构成环境的基本要求有：光、热、土、气、动植物，以及这些自然要素与人类长期共处所产生的各种依存关系。环境一方面是人类生存和发展的终极物质来源；另一方面又承受着人类活动产生的废弃物和各种作用的结果。构成环境的各种要素是人类生活和生产的物质基础。一个良好的生态环境是人类发展最主要的前提，同时也是人类赖以生存、社会得以安定的基本条件。

生态环境的恶化和自然资源的消耗、破坏，是并行不悖的两个方面。从某种意义上说，人类在自己的活动中引起生态环境的破坏，同人类利用自然资源的历史一样悠久。直到20世纪30年代以来连续发生了多起造成许多人死亡和痛苦的重大环境公害事件之后，人类才逐渐认识到环境问题的严重性。

当前全球环境恶化的状况主要表现如下：

温室效应和全球气候变暖。大气中存在的一些气体，如二氧化碳、甲烷等，具有吸收红外线的能力，由于它们在地球上空过多聚集，能阻止地表辐射热的散失，造成地表温度的上升，这种现象称为"温室效应"。人类活动，特别是大量化石燃料燃烧产生的二氧化碳，数百年来以很大的速度增长，加快了温室效应的扩大，从而导致全球气候变暖。

酸雨。通常，正常降雨略显酸性，其酸碱度不小于5.6。由于人类大量使用化石燃料，它们燃烧产生的二氧化硫、氮氧化物残留在大气中，经复杂的化学反应后，形成硫酸、硝酸溶入雨水中，降低了雨水的酸碱度。人们把酸碱度小于5.6的雨水称为酸雨。酸雨实质上是一化学燃料燃烧污染大气的严重后果之一。30多年以前，酸雨还是个别国家的局部问题，但很快逐渐蔓延，目前几乎遍及全球，而且酸雨频数增大，酸碱度趋小。

臭氧层破坏。在地球大气中，臭氧主要分布在离地球25～30千米的范围内，即在大气平流层中部，那里形成了一个相对稳定的臭氧层，其总重量约为30亿吨。臭氧能屏蔽太阳光中过多的紫外线，它如同一道天然屏障，保护了地球上的人类和其他生物免遭紫外线的伤害。由于人类活动的加剧，数十年前，高空中的臭氧层正呈逐渐减少的趋势，而且南极上空还出现了巨大的臭氧层空洞。究其原因，主要是人类大量使用制冷剂，还有氧化亚氮等物质进入高空，它们在光解反应后的产物，像催化剂一样，会加速臭氧分子的分解，致使大气中臭氧浓度下降，导致了臭氧层的破坏。

海洋环境恶化。在地球表面，海洋面积约占71%，地球犹如一个"大水球"。海洋是人类的资源宝库。然而，近年来，海洋变成了一个大垃圾桶，大量来自陆地、海上人类活动的废弃物，肆无忌惮地进入海洋。海洋环境污染日益加剧，严重威胁着人类的资源宝库。

生物多样性遭破坏。地球上包括动物、植物和微生物在内的生物总数约有1300万～1400万种，它们的生存与发展，是构成生态平衡的重要环节之一。它们与人类同在生物圈内，是人类的朋友，是地球环境赐给人类的最宝贵的财富。由于人类对环境资源过度地开发利用及人口增长、环境污染等一系列问题，已经并正在危及整个生物圈，使生物多样性遭到了破坏。近50年来，鸟类已灭绝约80种，兽类灭绝了约40种。

目前世界上约有 2500 种植物、1000 多种动物濒临灭绝的境地。生物多样性的破坏严重地威胁着人类的生存和发展。

全球环境恶化的表现还有淡水资源危机、土壤退化和土地沙漠化、有害化学品泛滥、森林的减少与破坏等。

然而更为严重的问题是，目前全球问题仍有日益严重化、尖锐化的趋势，而人类却没有找到足以控制这种发展趋势的有效途径和方法。

二、全球问题的背景、根源及解决途径

1. 全球问题的背景

20 世纪上半叶，欧美主要国家已经陆续完成产业革命，煤炭、钢铁、机械、石油、化工、电力等工业技术开始向世界其他国家和地区推进和扩展。新材料、生物基因、激光、原子能、宇航、海洋开发、计算机等新技术、新产业也在一些发达国家出现。科学革命、技术革命、产业革命造成了空前巨大的生产力，大大增强了人类对自然界的作用力量。这种作用力的增大，一方面标志着人类社会的进步，另一方面也意味着自然界负担的加重，以及随之而来的人类生存环境的恶化。对自然资源的保护，就成了空前突出的问题。

第二次世界大战后，帝国主义各国之间的矛盾并没有得到解决。相反，为了追求超额利润，为了争夺霸权和势力范围，凭借新的科技成果，扩充经济和军事实力，从陆地到海洋、到外层空间，彼此竞争、激烈角逐。东西方冷战对峙，无疑也加重了这场角逐。其结果客观上造成了技术活动领域大大扩展，整个地球和近地宇宙空间都成为人类科学技术活动的舞台。技术的力量一方面使人们的预期目的在更大范围内得以实现；另一方面也在更大规模、更多方面、更深程度上造成对人类生存和发展的威胁，如核灾难。

还需要提到的是，现代化交通运输和通信技术的发达，使各国、各地区之间的经济、政治、文化和科技联系更加密切、频繁和广泛，更加相互依赖。这虽然有利于经济、技术成果的积极推广，使全人类普遍受益，但同时也在客观上为技术应用中的各种消极后果的传播和扩展提供了途径，以致全球问题的形成。

2. 全球问题的根源

全球问题的产生和尖锐化似乎是由科学技术的发展和它所引起的产业革命所致。但是，辩证地看就会发现，现代科学技术和生产力的进步与全球问题的联系，并不意味着全球问题的出现就是现代科技发展的必然结果。稍作观察和分析就可以看到这样的事实：人口爆炸尽管有科技发展的因素，但从世界范围看，人口增速最快的地区，并不是医疗科学技术，甚或整个科学技术最先进的发达地区和国家，而是在这方面相对落后的发展中国家。科技发展本身既包含了恶化环境的可能，又提供了治理环境问题的手段。这些客观事实说明了这样一个问题：没有相应的科学技术进步及其在工业生产中的应用，的确不会有这么多的全球问题，但现代科学技术的发展本身，并不足以构成全球问题产生和加剧的充分条件。全球问题的根源除科技发展的因素外，更重要的还在于认识的、实践的和社会的诸多因素的综合作用。

人对自然的受动性和能动性对立，导致人与自然失谐。恩格斯在《自然辩证法》一书中曾指出"自然主义的历史观"的片面性在于："认为只是自然界作用于人，只是自然条件到处在决定人的历史发展，它忘记了人也反作用于自然界，改变自然界，为自己创造新的生存条件。"另一方面，恩格斯也警告人们，决不能"像征服者统治异民族"那样统治自然界，而应该"认识到自身和自然界的一致"。这体现了关于人与自然界关系的一种全面观点和科学态度，亦即马克思所说，人对自然的能动性和受动性的统一。可是，人类却忽视了这种统一，盲目发挥人对自然的能动性，特别是近二、三个世纪以来，科学技术和生产力的发展及由此体现的人类对于自然界的胜利，使人类片面地认为自己是来自自然界外部的征服者、统治者和索取者，完全可以不顾自然规律的要求，更不受这种规律的支配；而自然界也似乎是百依百顺的被征服者，是人类作用的被动承受者，根本不会有对人类行为的反抗、报复和反作用。在人类对自然资源的肆意掠夺与挥霍和对自然环境的恣意破坏行为中，这种观念和态度暴露无遗。

自然资源的消耗和破坏及人类生存环境和整个生态环境的恶化，迫使人们不得不重新审视人类自身在同自然界相处中存在的问题。人类如果不改变对自然界关系中上述的认识和态度，全球问题将进一步加剧，"人类困境"的严重化将不可控制。

科学技术是把双刃剑。科学技术是人类改造自然的手段，科学技术的进步也就是人类社会的进步，它为人类社会所带来的巨大的、广泛而深刻的积极变化是有目共睹的。但是科学技术的进步也正如世界上的任何事物一样，绝不是不包含矛盾的单纯的东西，而是如恩格斯讲到有机界时所说的："每一进化同时又是退化"。燃煤技术及农药、化肥等科技产品既为人类造福无穷，也给人类造成了严重的环境破坏和生态恶化。无数事实表明，科学技术是把双刃剑。它同世界上的万事万物一样，对人类既有利又有弊；既能造福万代，也可能遗患无穷。对这一点是否认识，是盲目地还是自觉地、是科学地还是错误地应用科学技术，其结果将会有很大的不同。当科学技术和生产力的发展水平较低时，它给人类社会生活造成的进步和福利有限，其副作用和给人类带来的不利影响，也是微弱的、不明显的。这又反过来限制了人类对科学技术应用的后果之两重性的认识，使科技进步的某些不利影响未能得到及时的抑制。随着科学技术的发展，一方面必然是人类驾驭自然、改造自然能力的空前提高；另一方面也将使科技进步的消极后果更加显露出来。如果人类认识到科学技术在给人类带来繁荣进步的同时，也完全可能带来灾祸，从而自觉地兴利除弊，停止各种形式的对科技成果的滥用，开辟科学应用的新途径，这样就会在相当大的程度上限制副作用和消极后果。不幸的是，长期以来由于种种原因，人类对此缺乏必要的认识，处于盲目状态，从而有意无意间促使很多全球问题的产生和加剧。

多种社会因素的作用。这些作用主要表现为在全世界仍占统治地位的资本主义生产方式、社会制度、生产关系、社会关系及与之相联系的生活方式、上层建筑、价值观念、社会习惯等的影响，如直接根植于私有制和阶级剥削制度的战争。除了物毁人亡的直接结果外，每一次战争都会使生态环境付出沉重代价。核灾难、贫富两极分化等也都源于此，而恐怖主义、极端民族主义、宗教极端主义、毒品犯罪、艾滋病等也无不与此相联系。每一个全球性问题的产生或加剧，都包含着各式各样的、不同程度的社会因素的作用。这些社会因素的总根源，就在于特定的生产方式的局限。需要强调的是，几乎在社会因素起作用的一切场合，都存在来自科学技术发展和应用的因素，但是导致全球问题加剧的主要的、决定的因素却是社会因素。种种社会因素的综合作用，导致科学技术进步的成果被滥用或误用，最终造成许多全球问题的尖锐化。

3. 解决全球问题的基本途径

既然全球问题已经对人类生存构成威胁，人类当然要设法予以控制和解决。"解铃还须系铃人"，控制和解决的途径仍然要从导致全球问题产生与加剧的诸因素中去寻找。在实践过程中，可以通过多种途径来努力。

构建人与自然和谐发展的观念。人类不仅要与自然作"斗争"，而且要与自然"友好相处"；不仅要制天、用天，而且要顺天；亦即通过人的适当的干预和利用自然本身的力量，造成适合于人类长远和可持续发展的动态平衡，此即和谐论。在此要反对宿命论和征服论这两种错误观点。宿命论认为，人们主要是受自然力控制和支配的，在自然界面前乃是弱者，是自然界的奴仆，只能顺从天命，消极地适应自然，而无所作为。征服论认为，随着人类力量的增强尤其是凭借科学技术的巨大力量，人们就可以越来越多地控制自然力，在自然界面前逐渐成为强者，成为大自然的主人，而过分地强调征服自然、人定胜天。宿命论和征服论都不利于人与自然的协调发展。

高度发展的科学技术是必不可少的物质前提。在同自然界交往的历史中，人类曾经无数次地遇到一个又一个的难题，如食物、居所、疾病、天灾、能源等问题，无一不是依靠科学技术和生产力的进步来解决的。高度发展的科学技术仍然是解决全球问题的必不可少的物质前提和基础。必须继续大力发展科学技术和生产力，反对认为全球问题的造成是由于科学技术和生产力发展过度或者达到了极限，全球问题的解决就只能使科学技术和生产力停止发展甚至向后倒退的技术悲观主义或反技术主义的荒谬观点。

调整社会关系，建立合理的社会制度。不合理的社会制度，为少数人谋利益的国家政策，富足社会的价值观念、生活方式等，都是控制、解决全球问题、协调人类和自然关系的重要障碍。"东西"问题——军备竞赛、"南北"问题——贫富差距等的解决都会遇到这些障碍。即便是一系列涉及社会与自然关系不合理的全球问题的解决，如一条流经多国境内河流的污染的治理，一片影响多国气候的沙漠的治理，也会遇到这些障碍。因此，调整社会关系，建立合理的社会制度，建立一个能够统一协调、组织和自觉控制社会生产的社会，是解决全球问题的一个不可缺少的重要途径。

协调发展：人类共同的责任。协调发展包括科技与社会的协调发展和自然与人的协调发展两层含义。科技与社会的协调发展是科技发展与社会发展之间的彼此配合和相互促进形成良性互动，动态地体现了科技与社会的辩证关系，包含着层层递进的深刻内涵，反映了科技尤其是技术的自然属性和社会属性的相互契合。自然与人的协调发展，马克思的话是最好的诠释："社会化的人，联合起来的生产者，将合理地调节他们和自然之间的物质变换，它置于他们的共同控制之下，而不让他们作为盲目的力量统治自己；消耗最小的力量，在最无愧于和适合于他们的人类本性的条件下来进行这种物质变换。"它要求人们树立人与自然是相互依存的有机统一体的观念。

坚持走可持续发展道路。可持续发展是正确处理人类、社会和自然关系的一种全新的发展战略和模式。1987 年世界环境与发展委员会长篇专题报告《我们共同的未来》第一次给可持续发展下了明确的定义，即"满足当代需求，而又不削弱满足子孙后代需要的发展"。其基本内容是：在协调人与自然关系的前提下，提高人的生活质量；在满足当代人需要的同时，也保证满足子孙后代的需要。它要求人们正确规范"人与自然"之间的关系和"人与人"（尤其是当代人与后代人）之间的关系，要求人类以高度的科学认知与道德责任感，自觉地规范自己的行为，创造一个和谐发展的世界。